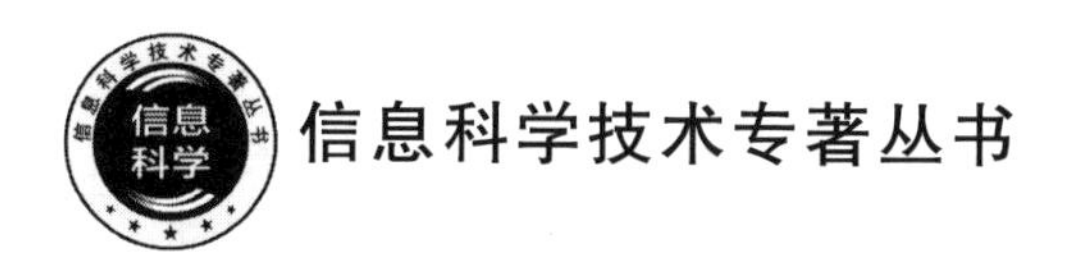

基于视觉信息的目标检测与跟踪

张 跃 闫姜桥 吴成龙 著

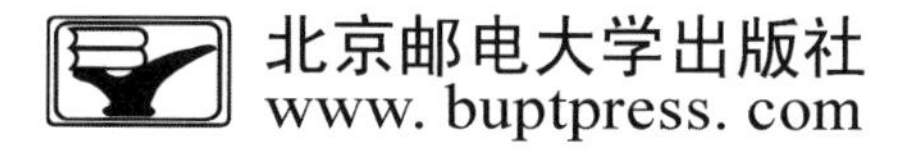

内 容 简 介

近年来，计算机视觉技术在机器与人的交互、自动驾驶、卫星与航拍图像分析等领域获得了广泛的应用，以目标为中心的视觉内容理解成为现阶段的研究热点，其中基于视觉信息的目标检测与跟踪是相关研究者很关注的方向。本书聚焦基于视觉信息的目标检测与跟踪任务，系统地介绍了其国内外研究现状和进展以及基础理论，并针对其在当前研究中存在的问题提出了相应的改进算法。此外，本书还对基于视觉信息的目标检测与跟踪的发展趋势进行了分析。

本书适合从事计算机视觉、图像处理和模式识别领域的研究人员使用，既可以作为初学者的入门读物，又可以作为相关人员深入研究的参考资料。

图书在版编目(CIP)数据

基于视觉信息的目标检测与跟踪 / 张跃，闫姜桥，吴成龙著．-- 北京 ：北京邮电大学出版社，2022.8(2023.8 重印)

ISBN 978-7-5635-6683-9

Ⅰ. ①基…　Ⅱ. ①张… ②闫… ③吴…　Ⅲ. ①计算机视觉—研究　Ⅳ. ①TP302.7

中国版本图书馆 CIP 数据核字(2022)第 131507 号

策划编辑：马晓仟　**责任编辑**：王小莹　**责任校对**：张会良　**封面设计**：七星博纳

出版发行：北京邮电大学出版社
社　　址：北京市海淀区西土城路 10 号
邮政编码：100876
发 行 部：电话：010-62282185　传真：010-62283578
E-mail：publish@bupt.edu.cn
经　　销：各地新华书店
印　　刷：唐山玺诚印务有限公司
开　　本：720 mm×1 000 mm　1/16
印　　张：11
字　　数：221 千字
版　　次：2022 年 8 月第 1 版
印　　次：2023 年 8 月第 2 次印刷

ISBN 978-7-5635-6683-9　　定　价：45.00 元

前　　言

近些年来，随着计算机科学、机器学习理论的发展，计算机视觉技术在机器与人的交互、自动驾驶、卫星与航拍图像分析等领域得到了广泛的应用。其中，以目标为中心的视觉内容理解在各项应用中发挥着关键作用，基于视觉信息的目标检测与跟踪也成为计算机视觉领域的研究热点。

本书系统地介绍了基于视觉信息的目标检测与跟踪相关理论和应用技术，主要内容包括基于视觉信息的目标检测与跟踪的国内外研究现状和进展、基本理论以及代表性模型等，并针对基于视觉信息的目标检测与跟踪面临的目标遮挡、尺度变化以及背景杂波等典型问题，提出了一系列改进模型。此外，本书还介绍了基于视觉信息的目标检测与跟踪技术的典型应用场景和发展趋势。

本书的内容组织如下：第 1 章绪论主要介绍了基于视觉信息的目标检测与跟踪的任务内涵、典型应用场景以及国内外研究现状和进展等；第 2 章基于视觉信息的目标检测与跟踪基础介绍了基于视觉信息的目标检测与跟踪涉及的相关理论，包括卷积神经网络的基础知识、典型的基于视觉信息的目标检测算法和基于视觉信息的目标跟踪算法等；第 3 章基于视觉信息的目标检测与跟踪数据集与评测指标介绍了目标检测常用的数据集、目标跟踪常用的数据集和各自的评测指标等；第 4 章基于视觉信息的目标检测方法介绍了一种基于交并比指引的目标检测算法和一种基于基于候选区域特征自适应表达的目标检算法，并通过实验验证了它们在目标检测中的效果等；第 5 章基于视觉信息的目标跟踪方法介绍了运动引导的孪生网络视觉单目标跟踪算法和两阶段在线视觉多目标跟踪算法，并通过实验验证了它们在目标跟踪中的有效性等；第 6 章基于视觉信息的目标检测与跟踪展望介绍了基于视觉信息的目标检测与跟踪领域在资源高效的模型、自监督学习、小样本学习等方向的研究热点。

作者主要从事计算机视觉和模式识别的研究工作，具有扎实的理论基础和实际工作经验。本书是作者多年来研究工作的总结。在本书撰写过程中，作者得到了国内外同行学者的支持和帮助，在此向他们表示深切感谢。在本书的撰写和校稿过程中，北京邮电大学的陈思齐和胡勇同学也做了大量的工作，在此一并表示感谢。

由于作者水平有限，书中难免会有不妥和遗漏，敬请广大读者给予批评指正，作者不胜感谢。

作　者

目　　录

第1章

绪　论

随着人工智能和计算机视觉技术的发展,以目标为中心的视觉内容理解成为现阶段的研究热点,其中基于视觉信息的目标检测与跟踪是研究者关注的方向之一。本章首先介绍了基于视觉信息的目标检测与跟踪的任务内涵,然后阐述了其在文化娱乐、医疗健康、安防监控和遥感分析领域的应用价值,最后系统性地归纳了其国内外研究现状与进展。通过阅读本章,读者可以对基于视觉信息的目标检测与跟踪问题产生一个整体性的认识。

1.1 概　述

计算机视觉是为了让计算机及相关设备能够像人类一样认知并解决图像、视频相关问题而发展起来的科学。它利用各种成像系统来感知外部环境、模拟人的视觉器官、实现视觉感知,并使用计算机对感知到的外部环境进行理解,使得计算机能够像人一样通过视觉来感知和理解世界,从而为进一步的决策提供信息。近些年来,随着计算机科学、机器学习理论的发展,计算机视觉技术在机器与人的交互、自动驾驶、卫星与航拍图像分析等领域获得了广泛的应用。其中,以目标为中心的视觉内容理解在各项应用中发挥着关键作用,因此,基于视觉信息的目标检测与跟踪成为计算机视觉领域的研究热点。

基于视觉信息的目标检测任务是在给定图像中确定目标在图像中的位置与大小,并给出目标的正确类别,如图1-1所示。早期通常采用基于手工设计的图像特征表示方法和浅层学习器来实现视觉目标检测的任务。在算法流程中模型首先使用滑动窗口方法或自动区域提取方法对遥感影像进行空间区域划分,然后使用图像特征表示方法处理输入的遥感图像从而得到每个区域的图像表征,最后使用分类器处理图像的所有区域,进行目标的位置预测和类别分析。常用的图像特征表示方法包括局部二值模式(Local Binary Pattern,LBP)、尺度不变特征变换(Scale-Invariant Feature Transform, SIFT)、方向梯度直方图特征(Histogram of Oriented Gradients,HOG)等,分类器包括支持向量机(Support Vector Machine,SVM)、最近邻分类器(k-Nearest-Neighbor, KNN)和条件随机场(Conditional Random Field,CRF)等。但基于手工设计特征获得的模型由于特征模式固定,在数据分布存在明显差异的场景下检测性能会受到较大影响。近年来,深度学习技术不断发展,由于深度学习具有自动从图像数据中学习特征空间的能力,因此其和手工设计特征方法相比具有更强的适应性,因此,本书将主要关注基于深度学习的目标检测方法。

图 1-1 基于视觉信息的目标检测任务

基于视觉信息的目标跟踪任务是对图像序列中的运动目标进行检测、提取、识别和跟踪,获得运动目标的运动参数,如位置、速度、加速度和运动轨迹等,从而进行下一步的处理与分析。图 1-2 给出了基于视觉信息的目标跟踪任务示例,图中不同颜色的框表示不同目标(彩图可扫描二维码查看)。根据目标轨迹的形成时间,基于视觉信息的目标跟踪算法可以分为在线视觉目标跟踪算法和离线视觉目标跟踪算法。其中,在线视觉目标跟踪算法一般是指只利用当前跟踪图像帧中的目标信息和目标的已知轨迹进行关联且不改变目标已知轨迹的算法。而离线视觉目标跟踪算法一般是指利用当前跟踪图像帧前后一段时间内所有目标的轨迹对当前跟踪图像帧中所有目标的轨迹进行优化的算法,其通常会改变已确定的目标轨迹。而在很多实时性任务中,跟踪算法无法利用当前时刻之后的信息,也无法改变目标已有的运动轨迹。因此,相较于离线视觉目标跟踪算法,在线视觉目标跟踪算法的应用场景更加灵活,本书将主要关注在线视觉目标跟踪算法的研究。

图 1-2 基于视觉信息的目标跟踪任务

彩图 1-2

1.2 基于视觉信息的目标检测与跟踪典型应用场景

1.2.1 文化娱乐领域

在文化娱乐领域,以基于视觉信息的目标检测与跟踪为代表的人工智能技术可以提升数字内容的互动性和趣味性,提升产品的可玩性,激发用户的想象力和创造性。在内容制作方面,在无人工介入的条件下,人工智能技术可以精准、实时地切分出足球进球、射门、犯规等动作片段。以此为基础,人工智能技术还可以快速理解视频内容、自动检测是否有进球、精准定位视频中的进球瞬间,并对进球集锦、球星慢动作完成自动剪辑。在内容审核方面,人工智能技术可以自动辨别视频和图像中是否存在色情、暴力等违法违规内容,缩短视频发布周期,减少人工审阅的干涉,更高效、精确地躲避监管危险。在智能营销方面,视频广告植入应用在原生视频中挖掘广告位,进一步支持以图贴、物体、热点链接、红包等形式植入广告。通过分析和理解视频内容,赋予视频各类内容标签,包括人脸(明星、表情、性别、年龄等)、物体(服装、车型、文字、实物、3C 等)、品牌、地标和行为(吃饭、运动、聊天、睡觉等)等,进一步抽象为视频场景标签,在对应的场景下投放符合情境的广告,实现广告规模化和针对性投放,如图 1-3 所示。

图 1-3　视频广告智能化植入(瑞幸咖啡广告植入)

1.2.2　医疗健康领域

在医疗健康领域,基于视觉信息的目标检测与跟踪技术在医疗影像辅助判读中开展了较多应用,其中在基于 X 线的肺部筛查、乳腺钼靶筛查和基于 CT 影像的肺结节检测方面显示出较好的临床使用潜力。在疾病的病理过程中会产生一定的病理解剖和病理生理方面的变化,这些病理变化在不同的影像学检查中会产生不同的影像学信息〔如 X 线和 CT 是利用人体组织间的密度差异;核磁共振(MRI)是利用组织间的 MR 信号强度差异;超声是利用组织间的声学信息差异〕,通过对这些信息的分析,医生能够实现对机体病变的有效把握,从而为患者做出正确的诊断。然而,纯人工判读医学影像的方式存在不足。以 CT 影像判读为例,一名放射科医生每天要诊断约 60 个病人,在每个病人身上都要看上千幅图,一天下来就要看几万甚至上十万幅图,长时间的疲劳作业会增加漏诊的风险。利用基于视觉信息的目标检测与跟踪及其相关技术辅助医学影像判读不仅能帮助患者更快速地完成健康检查(包括 X 线、超声、磁共振成像等),还能帮助影像医生提升读片效率,降低误诊概率。图 1-4 展示了一种利用基于视觉信息的目标检测与跟踪及其相关技术开展 CT 图像肺结节检测的方法。

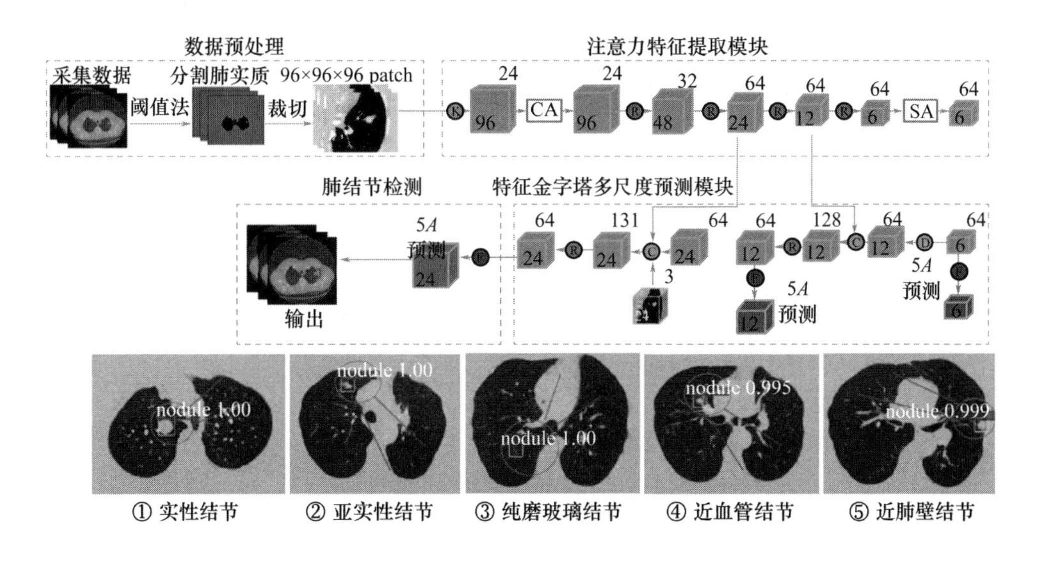

图 1-4　CT 图像肺结节检测

1.2.3　安防监控领域

全球城市道路监控系统建设都在快速发展，各国街道、十字路口随处可见各种摄影机监控设备，其为城市公共安全及治安侦察工作提供了影像的方便性和时效性。但随着监控设备数量的大量倍增和影像解析度的不断提高，采集的影像和图片数据量呈现爆发式增长的势头。在国内，随着“天网工程”“雪亮工程”的推进，摄像头数量日益增多，各类摄像头日夜不停地产生视频数据。在海量视频数据面前，仅仅依靠传统人工的方式进行分析，不仅成本高、效率低，还容易产生遗漏，因此采用智能视频分析技术进行分析是必然的趋势。利用基于视觉信息的目标检测与跟踪技术充分挖掘实时视频、历史视频、图片数据的价值，对来自各类设备的实时视频/图片数据（以及已存储的历史数据）进行结构化分析，可以实现车辆检测、人脸识别、目标轨迹跟踪检测、车辆行为识别、行人行为检测、车辆信息结构化、非机动车信息结构化、行人身份信息结构化等功能，实现安防监控领域的降本增效。图 1-5展示了基于视觉信息的目标检测与跟踪及其相关技术在安防监控领域的应用场景。

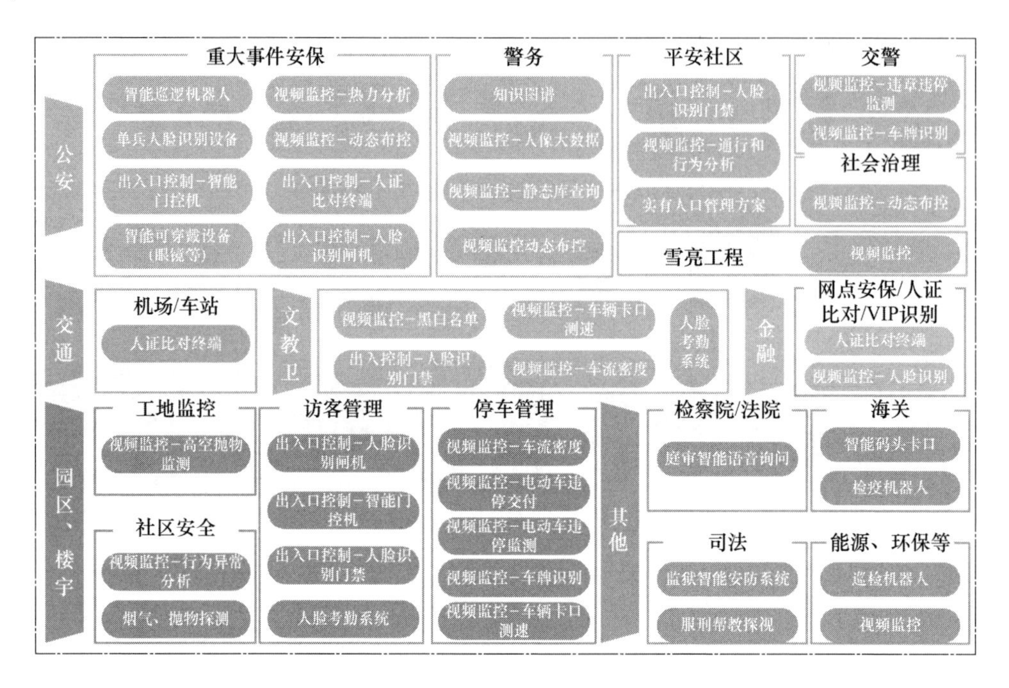

图 1-5　安防监控领域的应用场景

1.2.4　遥感分析领域

据卫星咨询公司 NSR 预测，到 2027 年，全球卫星数据分析的市场总额将达到 181 亿美元。遥感卫星的增多导致遥感数据量不断增加，海量数据依靠人工判读的方式进行解译费时费力，也难以满足时效性要求。因此，利用基于视觉信息的目标检测与跟踪及其相关技术实现遥感影像的自动化解译可以大幅度缩减遥感影像的解译时间，全方面提升遥感数据的自动化处理能力，缩短遥感应用周期，在提高解译精度的同时可以催生下游新的遥感应用场景。我国的遥感技术开发和行业应用目前正在由传统对地观测进入对整体社会观测的新阶段。随着遥感数据量的激增，社会对遥感数据的需求不断增大，基于视觉信息的目标检测与跟踪及其相关技术在遥感智能解译领域将扮演越来越重要的角色。目前，基于视觉信息的目标检测与跟踪技术在遥感图像固定设施监测、违规违建筛查、垃圾堆排查、油罐检测与储油量估计等方面已经取得了初步应用。图 1-6 展示了如何利用遥感图像开展油罐储油量分析。

图 1-6 利用遥感图像开展油罐储油量分析

1.3 基于视觉信息的目标检测与跟踪的国内外研究现状和进展

1.3.1 基于视觉信息的目标检测的研究现状和进展

按照流程中是否包含候选框生成的步骤,可将现有基于深度学习的视觉目标检测算法划分为双阶段目标检测算法和单阶段目标检测算法两类。双阶段目标检测算法将目标检测过程划分为两个阶段:第一阶段为目标区域的预提取,通过在特征图上设置锚点,然后用分类器对设置好的锚点进行目标或背景的二分类;第二阶段为目标的精准回归与分类,将第一阶段产生的目标潜在区域作为此阶段的输入,通过设计卷积网络检测头模块对这些区域进一步提取特征,然后通过设计的损失函数对目标进行二次回归和分类,得到更精确的目标位置和类别。与双阶段目标检测算法相比,单阶段目标检测算法不进行候选区域的预提取操作,而是在特征图中直接回归目标的位置坐标和识别相应的类别。下面将选取具有代表性的方法进行介绍。

1. 双阶段目标检测算法

具有代表性的双阶段目标检测算法包括 R-CNN、SPP-Net、Fast R-CNN、Faster R-CNN、R-FCN、FPN、Mask R-CNN、Cascade R-CNN 等。下面将分别进行介绍。

(1) R-CNN 模型

R-CNN(Region-based Convolutional Neural Network)模型是 R-CNN 系列的第一项工作,它证明了 CNN(卷积神经网络)在目标检测任务上的应用潜力。首先,R-CNN模型采用选择性搜索方法(selective search)获得一系列目标建议区域。之后,每个目标建议区域被裁切下来并重采样到统一尺寸,利用 CNN 提取这些图像块的特征。最后,利用线性 SVM 分类器判断每个候选区域的类别和置信度。根据各个候选区域的置信度和它们之间的面积交并比(Intersection over Union,IoU),通过非极大值抑制(Non-Maximun Suppression,NMS)优选出最终的候选目标。同时,R-CNN 模型利用包围框回归算法,对候选目标的位置进行调整。R-CNN 模型的训练过程分为多个阶段。R-CNN 模型引领了基于 CNN 的目标检测研究热潮,在目标检测发展史上具备重要的意义,本书将在第 2 章对 R-CNN 模型进行更为详细的阐述。

(2) SPP-Net 模型

在 R-CNN 模型中,对于每一个候选区域,首先都需要将图片放缩到固定的尺寸(224 像素×224 像素),然后为每个候选区域提取特征,这一要求导致任意尺寸和比例的图像在送入 CNN 前都需要经过裁剪或者变形,因而会导致算法的精度降低。SPP-Net 模型采用空间金字塔池化(Spatial Pyramid Pooling,SPP)层处理图像的尺寸和长宽比不固定的问题。该模型指出 CNN 要求输入图片放缩到固定尺寸的原因是全连接层要求输入符合规定的固定尺寸。SPP 层能在输入尺寸任意的情况下产生固定大小的输出,因此网络能够很方便地进行多尺寸训练。此外,正是 SPP 层能够对于任意大小的输入产生固定的输出这一特性,使得通过一次 CNN 就得到一幅图片的多个候选区域特征成为可能。然而,和 R-CNN 模型一样,SPP-Net 模型也需要训练 CNN 提取特征,然后训练 SVM 分类这些特征。这需要巨大的存储空间,并且分开训练也很复杂。而且选择性搜索方法提取特征是在 CPU 上进行的,相对于 GPU 来说还是比较慢的。该模型的结构如图 1-7 所示。

(3) Fast R-CNN 模型

Fast R-CNN 模型以 R-CNN 模型和 SPP-Net 模型作为基础,对模型的训练/推理流程进行改进。Fast R-CNN 模型以图像和建议区域作为输入。图像经 CNN 提取特征,建议区域按位置可以映射到图像特征上。利用 ROI 池化层,每个建议区域的特征可以从整个图像的特征图上提取。之后,对每个候选区域进行分类和位置回归。Fast R-CNN 模型中的特征提取网络、回归网络和分类网络不再需要分开训练,提升了模型的速度和精度。本书将在第 2 章对 Fast R-CNN 模型进行详细阐述。

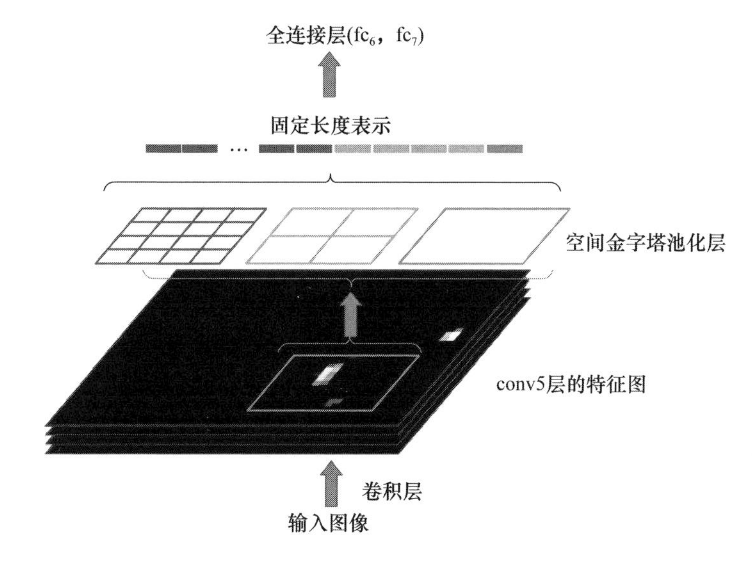

图 1-7 SPP 模型的结构

(4) Faster R-CNN 模型

Faster R-CNN 模型是对 Fast R-CNN 模型的改进。Fast R-CNN 模型在候选区域生成时采用了选择性搜索方法(selective search),该步骤成为模型的主要速度瓶颈。Faster R-CNN 模型采用区域建议网络(Region Proposal Network,RPN)替代选择性搜索方法来实现候选区域生成。基于此,候选区域生成、特征提取、目标分类和目标位置回归等操作统一到一个网络中实现,模型实现了端到端的目标检测。与 Fast R-CNN 模型相比,Faster R-CNN 模型在目标检测速度和精度上都有明显提升。本书将在第 2 章对 Faster R-CNN 模型进行详细阐述。

(5) R-FCN 模型

在 Faster R-CNN 模型中,对于每个建议区域,经过 ROI pooling(池化)后仍需要通过大量计算完成位置精校和类别判定,这些计算在每个建议区域之间并不共享。R-FCN 模型利用卷积层替代 Fast R-CNN 阶段的全连接层,在建议区域间共享了大部分计算。为了解决全卷积网络的位置敏感性问题,R-FCN 模型提出了位置敏感得分图(position-sensitive score map),它可以对目标的相对空间信息进行编码。R-FCN 模型将每个感兴趣区域划分成 $k \times k$ 网格,对每个网格计算类别置信度,归属同一个物体的各个网格利用投票机制得到该目标的类别。和 Faster R-CNN 模型相比,R-FCN 模型具有 2.5~20 倍的运算速度优势。该模型的结构如图 1-8 所示。

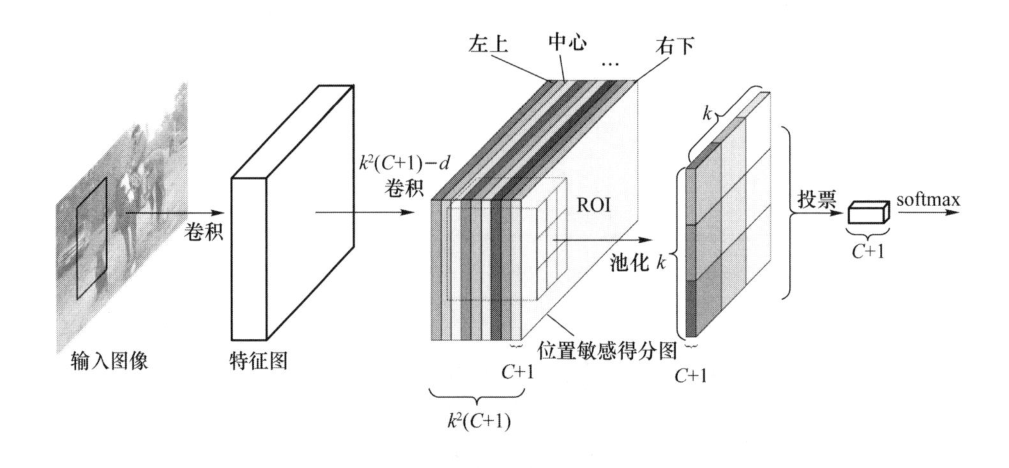

图 1-8　R-FCN 模型的结构

(6) FPN 模型

为了提升对小尺寸目标的检测精度，FPN 模型在目标检测中融入特征金字塔。大多数方法为了检测速度只使用高层的特征来进行预测。虽然高层的特征包含了丰富的语义信息，但是由于其空间分辨率低，很难准确地保存物体的位置信息。而低层的特征空间分辨率高，可以准确地保存物体的位置信息，但语义信息较少。FPN 模型通过自顶向下的结构构建了融合率语义信息的不同尺度特征。FPN 模型包含两个通路：一个是自底向上的通路，它是一个逐层卷积的常规特征提取网络；另一个是自顶向下的通路，它融合了上采样的高语义特征和临近层的高分辨特征。借助于 FPN 模型，每个尺度的特征图都融合了语义信息，不同尺度的特征对应处理不同尺度的目标。FPN 模型明显提升了目标检测的性能，因此也被后续的很多工作采纳。FPN 模型的核心结构如图 1-9 所示。

(7) Mask R-CNN 模型

Mask R-CNN 模型是对 Faster R-CNN 模型的扩展，它在 Faster R-CNN 模型的基础上增加了一个像素级的图像分割分支。图像分割分支在以增加很少计算量为代价的情况下将 ROI 逐像素分类。Mask R-CNN 模型的整个网络结构和 Faster R-CNN 模型的非常接近，主要差别有两个：①增加了一个掩膜头（mask head）；②将 ROI pooling 替换为 ROIAlign，以避免提取 ROI 特征时的量化误差。为了提高精度，Mask R-CNN 模型采用了 ResNetXt-101 作为基础网络，并使用了 FPN 模型的结构以增强对多尺度目标的适应能力。在损失函数方面，Mask R-CNN模型提出了掩膜损失。Mask R-CNN 模型训练简单、结构灵活，并且可以很容易扩展到其他相关任务中（如关键点检测、人体姿态估计等）。Mask R-CNN 模型的整体训练过程和 Faster R-CNN 模型的类似。Mask R-CNN 模型的结构如图 1-10 所示。

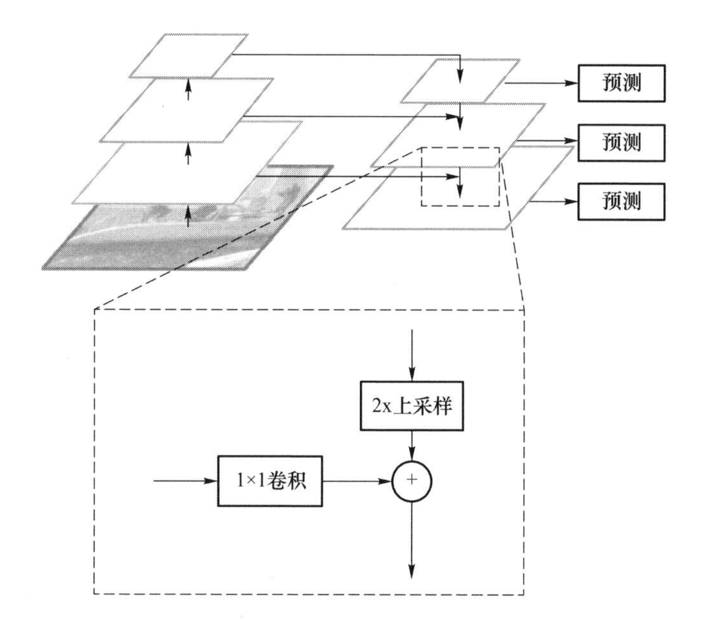

图 1-9　FPN 模型的核心结构

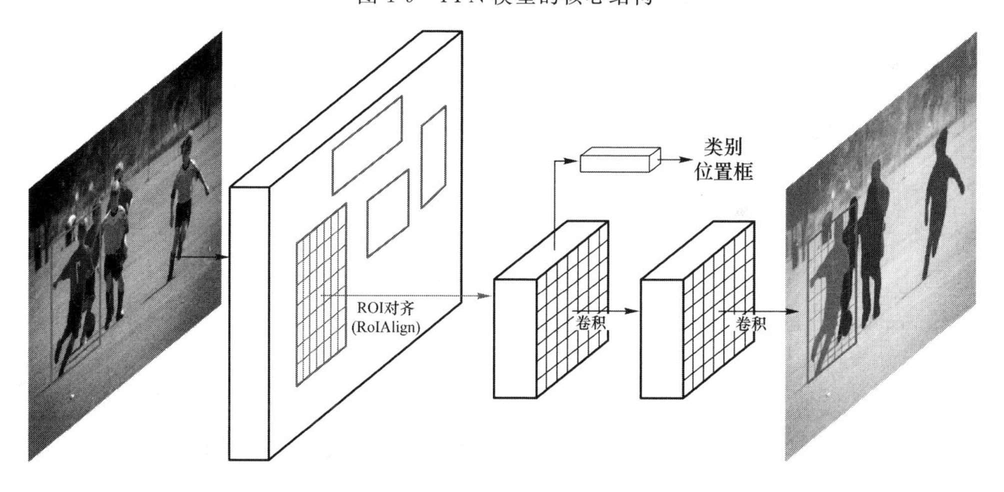

图 1-10　Mask R-CNN 模型的结构

(8) Cascade R-CNN 模型

在双阶段目标检测网络中,模型是以面积交并比(也称重叠率)作为指标,从所有感兴趣区域中挑选正样本和负样本用于模型训练。因此,面积交并比阈值是一个影响双阶段目标检测网络性能的重要因素。使用较低的面积交并比阈值会导致模型在高面积交并比阈值的评价指标条件下出现性能衰减。使用较高的面积交并比阈值训练模型,会出现正样本数量较少,从而导致模型出现过拟合问题。同时,Cascade R-CNN 模型在训练阶段接收高质量感兴趣区域作为样本,而在推理阶段无法产生大量的高质量感兴趣区域,样本质量差异会严重影响目标性能。Cascade R-CNN 模型通过级联多个目标检测器达到不断优化预测结果的目的。每个目标检测器使用逐渐升高的面积交并比阈值用于模型训练。目标检测器使用串联形式进行推理和训练,前一组检测器为后续步骤提供高质量目标框。上述设计可以逐级提高目标检测框的定位精度,为高面积交并比阈值的检测器提供足够的训练样本。Cascade R-CNN 模型的结构如图 1-11 所示。

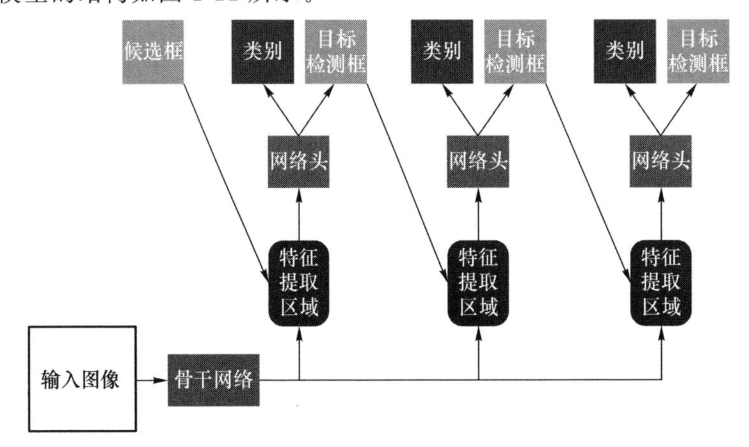

图 1-11　Cascade R-CNN 模型的结构

2. 单阶段目标检测算法

单阶段目标检测算法不再包含单独的候选区域选取步骤,而是将特征提取、目标分类和位置回归整合到一个阶段。具有代表性的单阶段目标检测算法包括 YOLO、SSD、RetinaNet、CornerNet、CenterNet、FoveaBox、FCOS、Swin Transformer 等模型。下面将分别进行介绍。

(1) YOLO 模型

YOLO 模型用回归的视角看待目标检测任务,直接预测像素的类别和包围盒。模型将输入图像划分为 $S \times S$ 的网格,每个网格负责检测中心落在网格的物体。每个网格可以预测多个目标。YOLO 模型的结构如图 1-12 所示。YOLO 模型在速度和精度上都超越了同时期的模型,但是它也有比较明显的缺点。由于使用固定数量的网格划分图像区域,因此对于目标数量大、密集排列和目标尺度小等场景 YOLO 模型的精度较差。

针对 YOLO 模型的缺点,研究者提出了一系列改进方法,包括 YOLO v2、YOLO 9000、YOLO v3、YOLO v4 等。

(2) SSD 模型

SSD 模型是一个基于 VGG-16 网络建立的单阶段目标检测模型,它可在提升目标检测精度的同时保持较快的推理速度。SSD 模型从 Faster R-CNN 模型和

YOLO 模型中继承参考框的设计思想,同时引入多尺度特征的卷积网络设计方法。SSD 模型使用一组不同形状的参考框将目标检测框的预测空间进行离散化。在推理阶段,模型使用深度卷积神经网络预测每个参考框的类别信息和目标检测框。模型提取深度卷积神经网络的多层中间特征图,将不同尺寸的目标映射到不同尺度的特征图,将目标尺度空间进行离散化。SSD 模型使用统一的卷积网络结构进行推理,不依赖感兴趣区域等额外操作。本书将在第 2 章中对 SSD 模型进行详细的阐述。

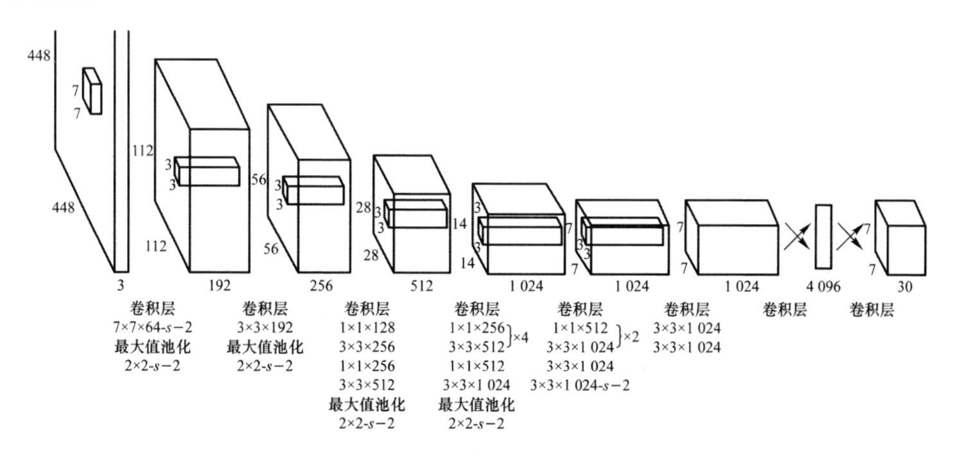

图 1-12 YOLO 模型的结构

(3) RetinaNet 模型

RetinaNet 模型指出,前景/背景类别不均衡是单阶段目标检测模型往往和双阶段目标检测模型存在性能差距的原因。基于上述分析,RetinaNet 模型对交叉熵损失函数进行改进,提出 Focal Loss 损失函数。Focal Loss 损失函数降低了容易样本的损失,提高了困难样本的损失,使模型在训练阶段更加注重困难样本的分类。利用 Focal Loss 损失函数,RetinaNet 模型进一步结合了 ResNet 模型和 FPN 模型以提取多尺度特征,并通过两个独立的 FCN 模型实现了目标的分类和回归。与同时期的双阶段目标检测算法相比,RetinaNet 模型在保持精度的前提下具备更快的运行速度。本书将在第 2 章中对 RetinaNet 模型进行详细的阐述。

(4) CornerNet 模型

以上介绍的目标检测模型大多基于锚框(参考框)机制。基于锚框的检测算法在实际应用场景中,需要根据数据的统计分布情况对锚框尺度以及宽高比进行合理预设,才能够获得较优的检测结果。此外,为了匹配不同尺寸和比例的目标,模型需要设置大量锚框,其中只有少部分对应归属目标的正样本,大部分锚框对应背景区域的负样本,上述现象导致训练阶段的样本不均衡。CornerNet 模型是一个不基于锚框的检测框架,它将物体的定位问题看作成对关键点的检测问题。受到关联嵌入方法的启发，将目标检测任务分解为对角点同时进行检测与分组的任务。图 1-13 是 CornerNet 模型的检测流程图，在该检测框架中，对每一个物体的成对关键点——物体边框的左上角点与右下角点进行检测。将图像通过一个卷积网络来预测两组热力图，分别对不同类别物体的左上角点与右下角点的位置进行表达。此外，为了判断哪些关键点属于同一目标，在每个关键点上计算一个嵌入向量，根据嵌入向量的相似程度对关键点进行分组。最后通过预测得到的偏置对每个角点的位置进行微调，获得最终的检测结果。由于 CornerNet 模型使用目标的中心点进行预测，因此在多个目标在下采样的特征图中存在中心重叠的情况时，该模型只能检测出单个目标。

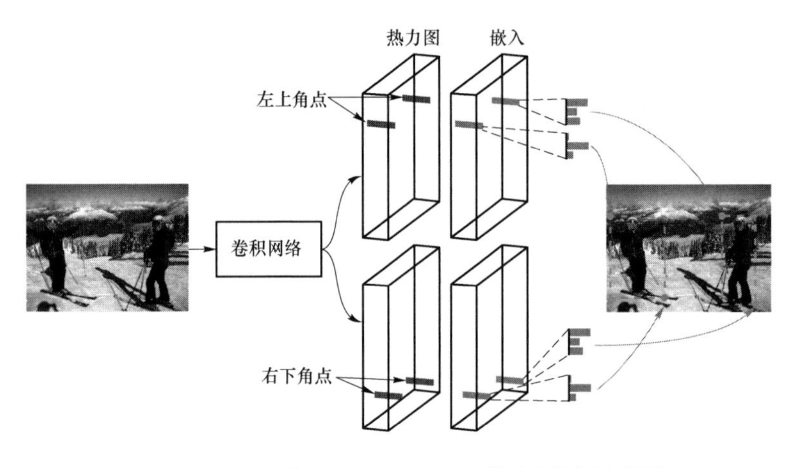

图 1-13　CornerNet 模型的检测流程图

彩图 1-13

(5) CenterNet 模型

CenterNet 模型也是一个不使用锚框机制的目标检测模型。该模型用物体的中心点描述一个目标。输入图像经过 FCN 模型得到一个关键点热力图，热力图的峰值对应目标中心点。实验中采用 Hourglass 网络作为特征提取网络，并在 ImageNet 数据集上进行预训练。CenterNet 模型包含 3 个检测头，分别预测目标中心点、目标偏移量和目标尺寸。由于不再预设参考框，因此 CenterNet 模型使具有较大尺度差异或宽高比差异的目标也能获得准确的候选区域。CenterNet 模型的结构如图 1-14 所示。

(6) FoveaBox 模型

FoveaBox 模型是一个准确、灵活的非锚框目标检测方法，它直接学习目标的置信概率和目标包围框的坐标。FoveaBox 模型受到人类视觉系统感知世界的启发：人类不是去匹配任何预先在脑海里设定的模板矩形框，而是先判定某个范围物体是什么，再对其边缘轮廓进行仔细判定。FoveaBox 模型预测的表征目标存在概率的语义图是类别相关的，但产生的可能包含目标物体的矩形框是类别无关的。

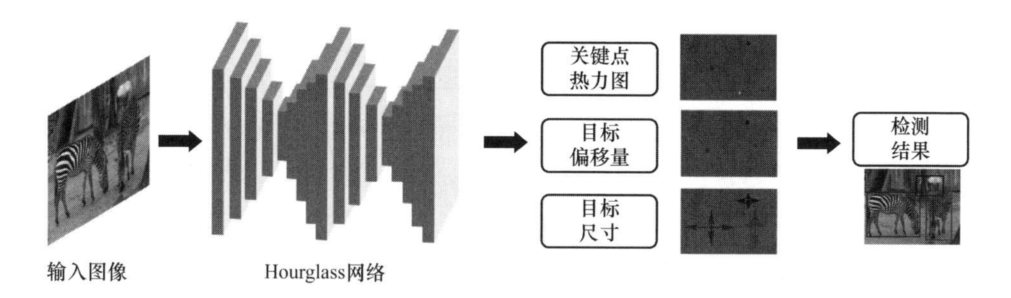

图 1-14 CenterNet 模型的结构

从整个流程来看,FoveaBox 模型是个端到端的网络,整个模型包括负责提取特征的基础网络和带有双任务(由基础网络输出的每个空间位置的分类以及对应区域矩形框坐标的预测)的子网络。FoveaBox 模型的整体流程如图 1-15。

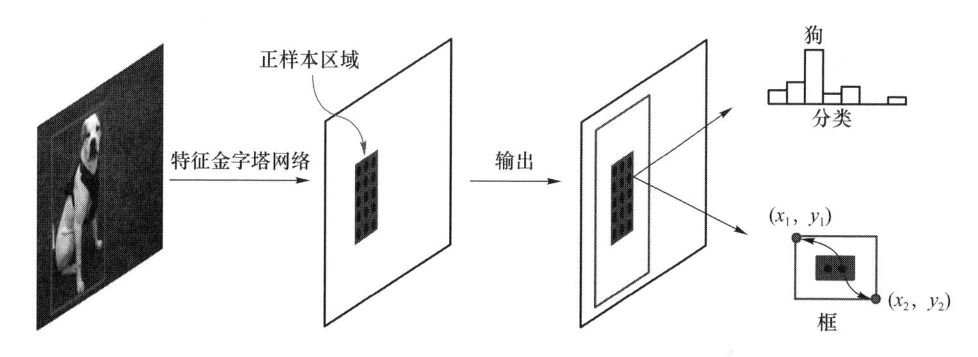

图 1-15 FoveaBox 模型的整体流程

(7) FCOS 模型

FCOS 模型将目标检测视为逐像素预测问题。为了减轻密集和重叠目标对目标检测过程的相互干扰,FCOS 模型采用特征金字塔网络提取不同尺度的特征,根据目标尺寸将不同尺寸目标对应到不同尺度的特征上。FCOS 模型还提出了中心点置信度的概念,中心置信度表示当前位置距离目标中心的远近程度。在距离目标较远的位置,FCOS 模型有时会错误地产生一些低质量的虚警。针对以上问题,FCOS 模型使用中心点置信度特征图过滤虚警结果。FCOS 模型的结构如图 1-16 所示。

(8) Swin Transformer 模型

Swin Transformer 模型是一个基于 transformer 自注意力机制的视觉模型。它将输入图像分成互相不重叠的多个图像块,并把它们进行嵌入表示。整个模型采取层次化的设计,一共包含 4 个阶段,每个阶段都会缩小输入特征图的分辨率,并像 CNN 一样逐层扩大感受野。每个阶段包含块融合(patch merging)模块和多

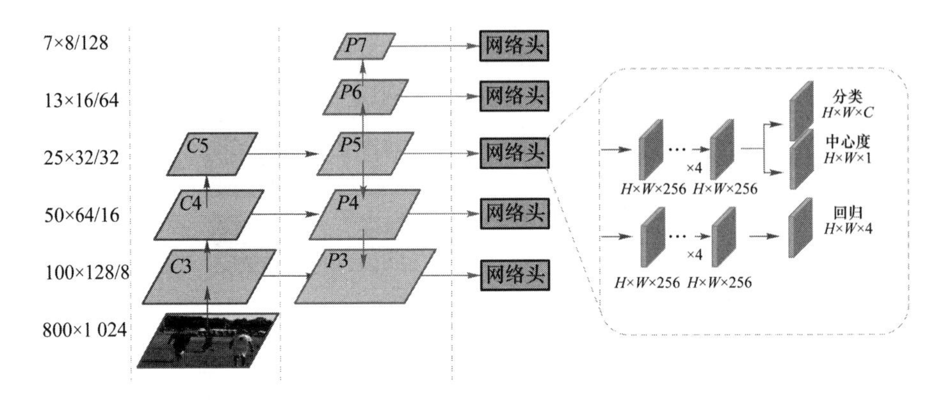

图 1-16　FCOS 模型的结构

个 Swin transformer 模块。其中 patch merging 模块主要在每个阶段一开始降低图片分辨率，每个 Swin transformer 模块包含 LayerNorm、MLP、Window Attention 和 Shifted Window Attention 等。Swin Transformer 模型可以产生多尺度特征图，可以作为基础网络运用在多种常见的目标检测模型中，如 ATSS、Cascade R-CNN、RepPointsV2 等模型。Swin Transformer 模型的结构如图 1-17 所示。

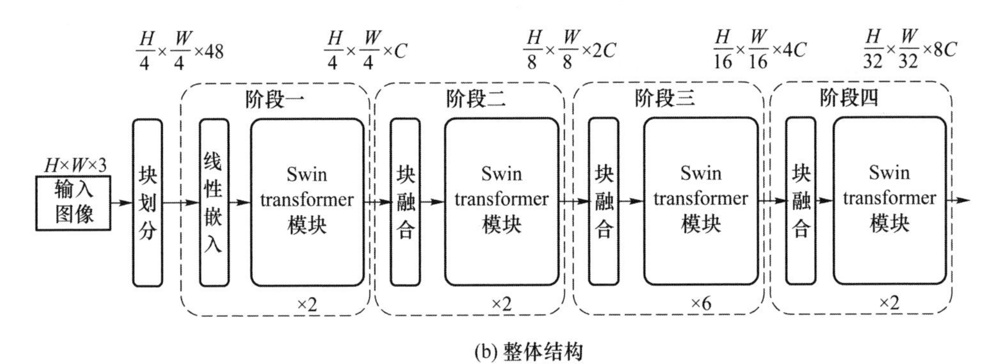

(b) 整体结构

MLP
LN
W-MSA
LN
MLP
LN
W-MSA
LN

(b) 相邻Swin Transformer 模块

图 1-17　Swin Transformer 模型的结构

1.3.2 基于视觉信息的目标跟踪的研究现状和进展

根据跟踪目标数量的不同,可将基于视觉信息的目标跟踪分为两个子研究方向,即视觉单目标跟踪和视觉多目标跟踪。视觉单目标跟踪一般是指在待跟踪视频的起始帧图像中给定需要跟踪目标的位置,在后续的视频图像中持续地跟踪该目标。而视觉多目标跟踪是指在跟踪视频中指定多个跟踪目标,其比视觉单目标跟踪更加困难,因为除了处理视觉单目标跟踪中常见的目标遮挡、变形、光照变化、目标尺度变化等问题外,还需处理目标的出现和消失问题,且视觉多目标跟踪场景中的目标遮挡和尺度变化等情况出现得更加频繁。视觉单目标跟踪和视觉多目标跟踪都有各自的应用场景,如机器人和无人机等相关应用主要关注于视觉单目标跟踪,而自动驾驶、安防、视频分析等相关应用主要关注于视觉多目标跟踪。

1. 视觉单目标跟踪算法

视觉单目标跟踪作为基于视觉信息的目标跟踪中一个重要的子问题,一直是学术界和工业界的研究热点。由于视觉单目标跟踪算法基本都为在线的跟踪算法,因此,本节主要回顾在线的视觉单目标跟踪算法。在2010年以前,视觉单目标跟踪大多采用经典的跟踪方法,主要分为生成式方法和判别式方法。

经典的生成式方法有Meanshift、粒子滤波(particle filter)、卡尔曼滤波和光流跟踪等方法。Meanshift方法是基于概率密度分布的非参密度估计方法,该方法对目标进行位置的搜索,使搜索不停地向概率梯度密度上升的方向偏移,直到最后的偏移量小于某个阈值便得到了预测的目标位置。Meanshift方法的特点决定其适合目标和背景的色彩模型相差较小的情况。其在光照变化、尺度变化、背景杂波等跟踪难点问题上表现较差,所以虽然其速度较快,但随后还是被粒子滤波方法取代。粒子滤波方法是基于粒子分布统计的跟踪方法,其首先对需要跟踪的目标进行建模,然后在跟踪过程中,按照特定的分布(如高斯分布)在目标周围撒一些粒子,根据前、后帧粒子的相似度来度量跟踪的置信度,这样就可以确定目标的位置。卡尔曼滤波方法则是对待跟踪目标的运动轨迹进行建模,通过构建的目标运动模型来估计目标在下一帧图像中的位置。然而,这种方法主要使用目标的运动信息进行跟踪,性能较差。还有一个经典的生成式方法便是LK光流跟踪方法。该方法对前、后帧图像进行光流估计,根据估计的目标光流来对目标进行跟踪。该方法首先在目标的已知位置处提取一些特征点,然后根据光流计算下一帧中这些点的位置,从而得到目标的位置,这种方式可以一定程度上解决尺度问题。后续的KLT光流跟踪方法在图像金字塔引入基于光流的跟踪,可以更加鲁棒地处理目标跟踪中的尺度变化问题。

经典的判别式方法通常对目标周围区域进行候选框采样，然后使用机器学习的方法对目标和背景进行分类区分。Avidan 等人先使用 SVM 训练多个弱分类器，再使用 Adaboost 进行集成学习获得强分类器，最后使用学习得到的强分类器进行目标和背景的区分。然而，由于该方法通过对每个像素进行分类得到前、后景的置信图，因此忽视了目标的空间特性，容易导致跟踪失败。因此，Grabner 等人使用 Haar 特征作为目标的决策特征，使用在线 Boosting 算法对目标的候选区域进行判断，得到了更好的跟踪性能。随后，Zdenek 等人提出著名的 TLD 算法，该算法使用一种综合器结合传统的中值流跟踪算法和 Ferns 检测算法，同时利用随机森林预测目标的位置，并在后续帧不断更新随机森林，提升算法的鲁棒性。然而，随着深度学习的发展以及相关滤波方法在跟踪任务中的应用，上述的传统经典跟踪方法受到的关注逐渐降低。

2010 年，Bolme 等人首次将相关滤波方法应用到视觉单目标跟踪领域并提出 MOSSE 算法。由于 MOSSE 算法的性能优越，运行速度快，因此基于相关滤波的视觉单目标跟踪算法(以下简称相关滤波算法)在跟踪领域被广泛研究。相关滤波算法本质上是计算目标区域和待搜索区域的互相关，得到相关响应图，相关响应图中最大相关响应点所对应的区域就是预测的目标位置。然而，直接计算目标与多个候选目标图像块的相关性的计算复杂度高，运行速度慢。因此，在相关滤波算法提出之前，大多算法通过随机采样获取一定数量的候选目标，再把和目标最相似的候选目标作为预测的目标。然而，这种算法存在跟踪速度和跟踪性能的冲突。根据傅里叶变换原理，空间上的卷积可以转化成频域的点乘，因此相关滤波算法可以通过快速傅里叶变换大大地减少计算量。MOSSE 算法得到了实时的跟踪速度和先进的跟踪性能。由于相关滤波算法本质上是一种判别式方法，因此，研究人员也称相关滤波算法为判别式相关滤波算法。CSK 算法在 MOSSE 算法的基础上，引入循环矩阵进行样本的采样，并结合循环矩阵，引入核函数，对线性不可分的特征进行相关滤波，提升了跟踪的性能。后续的 KCF 算法可以处理多通道的特征并且采用 HOG 特征进行跟踪，跟踪性能更佳。CN 算法采用颜色特征进行跟踪，对目标变形、尺度变化以及旋转等都更加的鲁棒。DSST 算法通过增加尺度相关滤波器，有效地解决了相关滤波类跟踪算法不能有效地处理尺度变化的问题。LCT 算法在 DSST 算法上增加了置信度滤波器，并且使用 PSR 对目标的遮挡情况进行判断，有效地进行了长时间的跟踪。然而，上述的相关滤波算法由于应用了循环矩阵，产生了影响跟踪性能的边界效应问题。SRDCF 算法针对判别式相关滤波算法的边界效应问题，采用空间惩罚项对循环矩阵的边界效应进行约束，有效地缓解了边界效应问题，取得了突破性的性能提升。然而，空间惩罚项的加入破坏了岭回归的封闭解，只能采用高斯-赛德尔迭代法求解，使得跟踪速度大大降低。

SRDCFdeno算法在SRDCF算法的基础上提出了样本净化方法，采用无遮挡、无变形等问题的良好样本对滤波器进行更新，缓解了算法的跟踪漂移问题。DeepSRDCF算法在SRDCF算法上采用深度特征进行跟踪，取得了更好的跟踪效果。BACF算法通过掩码对背景区域进行掩盖以缓解边界效应问题，通过增加搜索区域的面积来获得更多的真实样本以对相关滤波器进行训练，取得了更好的跟踪效果。

相关滤波算法可以通过循环矩阵、快速傅里叶变换等手段对目标的位置进行快速预测，这种目标位置的预测依赖目标的空间特征。由于深度卷积神经网络可以提取具有更强表达能力的空间特征，因此，结合深度卷积神经网络和判别式相关滤波的跟踪算法在视觉单目标跟踪领域得到广泛的关注。HCF算法采用VGG网络的多层卷积层中的目标空间特征进行目标位置的预测。其中，高层卷积层的目标空间特征更加抽象，对目标变形、目标遮挡等情况更加鲁棒。而低层卷积层的目标空间特征分辨率更高，对目标位置的预测更加准确且对相似物体的区分度更好。因此，HCF算法结合深度卷积神经网络的多层卷积特征实现了更加准确的视觉跟踪。HDT算法利用多层卷积神经网络的多层特征进行训练，得到对应的相关滤波器，然后使用Hedge算法对相关滤波器的跟踪结果进行组合，得到最终的跟踪结果。CFNET算法和DCFNET算法把相关滤波操作整合为一层神经网络层，推导了相关滤波的反向传播公式，实现了端到端的相关滤波算法。上述两种算法在使用一层卷积神经网络的情况下，也能取得较好的跟踪结果，这对实时跟踪以及跟踪算法的嵌入式应用有较好的前景。随后，Danelljan等人提出了结合深度卷积特征和连续相关滤波的方法——C-COT算法以及ECO算法，它们在主流的VOT2017视觉单目标跟踪数据集上取得了先进的跟踪性能。

Wang等人在2013年提出DLT跟踪算法。该算法使用栈式降噪自编码器训练分类器，用待跟踪视频中给定的真值目标对自编码器进行训练，使其能够区分待跟踪目标和背景，并在待跟踪视频的后续帧使用粒子滤波获取候选目标框，进行分类从而得到目标的位置。SO-DLT算法使用更加深层的网络并使用类似SPPNET的空间金字塔采样，获取目标候选区域的响应图，直接得到跟踪目标的区域和位置，较有效地处理了跟踪过程中的尺度变化。FCNT算法使用深度卷积神经网络的低层和高层的特征进行跟踪，高层特征对目标变形和遮挡等更加鲁棒，低层特征对相似物体更具区分度且定位更加准确，综合深度卷积神经网络的高、低层特征可以更加准确而鲁棒地进行跟踪。MDNet算法使用深度卷积神经网络提取候选目标的空间特征，然后基于候选目标的空间特征进行分类，判断候选目标是待跟踪目标还是非目标。同时，MDNet算法对不同类型的目标训练不同的分类器，提升了算法的性能。另外，还有一些算法使用其他方法进行目标跟踪，如RATM算法等使用 Attention 机制进行跟踪。

近年来,主流的基于深度学习的视觉单目标跟踪算法是基于孪生网络的视觉单目标跟踪算法,其使用孪生网络回归预测目标的位置,在准确度和实时性上取得较好的平衡,取得了先进的跟踪性能。GOTURN 算法直接使用前、后帧目标区域图像块作为孪生卷积神经网络的输入,提取得到目标区域的空间特征,再使用全连接网络直接回归出目标的位置。Tao 等人使用度量学习的手段离线训练一个孪生网络,再通过相似度匹配进行目标位置的预测。Bertinetto 等人提出 SiamFC 算法,其通过目标模板特征和候选区域的特征的相关得到相关响应图,相关响应图中最大相关响应点的位置即预测目标的中心位置。Li Bo 等人提出 SiamRPN 算法,其改进了 SiamFC 算法,结合孪生网络和 RPN,回归出图像中每一个像素在不同大小和尺度的 anchor 情形下属于目标的概率以及其对应的中心点的位置和长宽偏移量,得到实时的跟踪速度以及优越的性能。Zhu 等人改进了 SiamRPN 算法,使用目标背景中的相似物体作为干扰项对网络进行训练,获得了更好的跟踪性能。后续的工作研究了使用更深或者更宽的卷积神经网络进行视觉跟踪,不断提高跟踪性能。

上述相关滤波算法和基于孪生网络的视觉单目标跟踪算法主要使用目标和待搜索区域的空间特征进行目标跟踪,常常忽视目标的时序信息在视觉跟踪中的应用。而使用目标的空间特征和时序信息进行视觉跟踪是很自然的想法,因此,有一些工作在探索基于时空信息进行视觉单目标跟踪。对于相关滤波算法,Danelljan 等人结合 HOG 特征、深度卷积特征以及光流特征等目标的时空信息进行相关滤波,预测目标的位置,实现目标的跟踪。Yang 等人在 SRDCF 算法基础上,对相关滤波器增加了时序上的约束,通过空间和时间的正则化,使得跟踪算法对目标遮挡和变形等困难场景更加鲁棒。Zhu 等人在 CVPR2018 的论文中使用光流对历史帧中目标的卷积特征进行映射,再使用映射后的目标特征和目标模板特征进行加权,使用加权后的目标空间特征作为目标模板特征进行相关滤波跟踪,效果显著。对于基于孪生网络的视觉单目标跟踪算法,Gordon 等人在 GOTURN 算法的基础上,使用卷积神经网络的多层卷积特征作为输入,再使用两层 RNN 进行目标位置的回归,RNN 较好地学习了目标的时序信息,取得了更佳的跟踪性能。Li 等人通过使用 GRU 网络对多帧预测的目标表观模型进行建模,构建不断更新的目标模板,获得了更好的跟踪性能。同时,由于强化学习能够最大化期望奖励,因此,使用强化学习进行跟踪可以在整个视频序列上达到最优,这也是利用了时空信息进行跟踪。Yun 等人使用深度卷积神经网络进行深度强化学习,将目标跟踪过程转化为向左、向右、向上、向下等动作的执行,直至最后确定目标的位置时选择停止执行动作。Zhang 等人结合卷积神经网络和 LSTM 时序神经网络,通过深度强化学习算法进行目标位置的回归,得到了较好的跟踪结果。

上述主流的视觉单目标跟踪算法大多使用人工设计的特征提取方法或深度学习的特征学习方法对目标模板区域和待搜索区域进行特征提取，提取它们的空间特征，再使用目标模板区域特征在待搜索区域特征上进行搜索，得到预测的目标位置。相关滤波器算法具有背景抑制能力，可以有效地抑制目标背景中和目标相似的物体，但是这种方法不能有效地对目标的尺度变化进行回归且需处理边界效应等问题。基于孪生网络的视觉单目标跟踪算法可以有效地处理目标尺度变化问题且无边界效应问题，但是主流的基于孪生网络的视觉单目标跟踪算法在背景杂波场景较易发生跟踪漂移。观察发现，主流的基于孪生网络的视觉单目标跟踪算法通常是跟踪漂移到背景中与目标纹理或颜色相似的物体上，这使得目标的运动轨迹会发生一定程度的不平滑，而目标的运动模型预测的目标位置是平滑的。因此，探索运动模型在纠正视觉跟踪算法在背景杂波场景的跟踪漂移方面的应用值得研究。

2. 视觉多目标跟踪算法

视觉多目标跟踪早期的应用场景主要是军事场景，其使用雷达和多目标跟踪算法对飞行目标进行跟踪。由于雷达捕获的目标是以点的形式表示，因此只有目标的位置和速度等信息可以利用，人们通常使用目标的位置信息或者运动信息进行目标的位置预测。由于成像技术的发展以及对社会安防等应用的需求，基于视觉信息的多目标跟踪受到广泛关注。基于视觉信息的多目标跟踪相较于雷达信号，其可以获得目标的表观模型和位置信息，因此可以使用目标的空间特征和时序运动信息进行跟踪。对于视觉多目标跟踪算法的研究，目前基于检测的多目标跟踪算法占据主流地位。基于检测的多目标跟踪算法是指先使用已有的检测器对待跟踪视频的每一帧图像进行检测，得到待跟踪目标的检测边界框。然后，设计、提取检测边界框的空间特征和时序特征，构建不同时间图像帧的检测框与检测框的关联代价函数，最后使用数据关联技术对代价函数进行优化，从而实现不同时间图像帧中检测边界框的数据关联，得到目标的轨迹。由于基于检测的多目标跟踪算法使用已有的检测算法进行检测，因此其不需要考虑检测算法的研究。因此，基于检测的多目标跟踪算法的主要研究点在于关联特征的设计、提取，代价函数的构建以及数据关联算法的研究。

基于检测的多目标跟踪算法的数据关联算法根据目标轨迹形成时间可以分为离线多目标跟踪算法和在线多目标跟踪算法。离线多目标跟踪算法作为经典的多目标跟踪算法在过去的几十年里受到研究人员的广泛关注。Reid 等人提出的多假设跟踪(MHT)算法是早期经典的离线多目标跟踪算法，该算法最开始主要应用于雷达目标跟踪。MHT 算法采用贝叶斯推理得到轨迹关联假设的后验概率，并使用一种基于假设树的方法实现数据关联和所有目标轨迹的优化。由于使用假设树，因此 MHT 算法的空间复杂度和时间复杂度都比较高。因此，为了获取更快的跟踪速度和更低的空间复杂度，需要很多剪枝技巧。由于早期目标检测效果差，虚警多，因此假设树的搜索空间大。虽然在 20 世纪 90 年代有很多工作使用 MHT 算法进行视觉多目标跟踪，但是其算法复杂度高，效果也欠佳。因此，在后续的时间里，MHT 算法在视觉多目标跟踪领域的相关研究较少。直到 2015 年，Kim 等人使用更佳的检测结果，结合深度表观模型和归一化的最小二乘法对传统的 MHT 算法进行扩展，取得了优秀的多目标跟踪性能。MHT 算法为了对轨迹关联假设的后验概率进行建模，将检测的分布假设为高斯分布，但在实际的多目标跟踪场景，目标的真实位置确是非高斯分布的，这是它的局限性之一。还有一类经典的离线多目标跟踪算法是基于网络流优化的算法，该类算法将数据关联问题转化求解一组检测结果属于同一目标轨迹的最大后验估计问题，再将最大后验估计问题映射到满足不同目标的轨迹不重叠等约束的成本流网络，后续通过最小成本流算法(min-cost flow algorithm)计算获得目标的最优运动轨迹。同时，该算法还会采取显式遮挡模型(EOM)以使算法对长时间遮挡问题更加的鲁棒。还有一类经典的离线多目标跟踪算法是采用能量函数最小化原理对目标的运动轨迹进行优化的算法，其中比较经典的是由 Anton 等人提出的 CEM 算法和由 Choi 等人提出的 NOMT 跟踪算法。CEM 算法通过构建一个贴合多目标跟踪实际情况的能量函数对目标的轨迹进行优化。该算法采用目标的 HOG 特征和相对光流直方图特征构造目标的观察模型，并通过使用目标的时序运动信息构造动力学模型，以及构造目标的互斥、持久性、规范化等模型对目标的轨迹进行约束，结合上述模型构造多目标跟踪的能量函数，最后通过对能量函数的优化求解得到所有目标的轨迹。NOMT 算法是一种近似在线的离线多目标跟踪算法，之所以称该算法为近似在线主要是因为其不像经典的离线多目标跟踪算法，不使用当前跟踪帧之后帧的目标信息进行多目标跟踪，只使用当前跟踪帧中目标的信息和目标已知轨迹进行数据关联，该算法和在线多目标跟踪算法的区别在于近似在线算法会改变目标的已知轨迹，而在线多跟踪算法不会改变。NOMT 算法把数据关联问题转化成一个随机场的求解问题，最后使用联合树算法对随机场的能量函数进行求解从而得到最优目标轨迹的估计。同时，NOMT 算法定义了一种新的特征描述方式 ALFD (Aggregated Local Flow Descriptor)，通过整合 ALFD 信息、表观相似度、运动特征等时空信息构建代价函数，进行数据关联，使算法对目标的变形、遮挡等更加的鲁棒。

离线视觉多目标跟踪算法在视觉多目标跟踪研究的早期占据主流，这主要是受硬件性能和相关应用需求的影响。早期的多目标跟踪算法主要应用于离线任务，如安防等相关任务，其可以离线运行，且早期的硬件设备的性能也不允许算法实时运行。而随着硬件性能的提升以及相关应用需求的推动，目前，越来越多的研究集中于在线视觉多目标跟踪算法。早期,针对MHT算法对目标位置观测的高斯分布的限制,Breitenstein等人使用粒子滤波方法对目标的位置进行估计,避免了对目标位置的高斯分布假设,再使用贪心匹配算法对目标检测边界框和已知目标轨迹进行匹配,同时利用数据关联结果对粒子滤波方法的粒子权重进行计算。这也是一种用贝叶斯算法推导的多目标跟踪算法,取得了不错的多目标跟踪性能。随后,还有一些基于机器学习的确定性推导方法被用来进行多目标跟踪,其中比较经典的是由Xiang等人提出的算法,该算法使用马尔可夫决策过程对目标的跟踪状态进行建模,使用支持向量机对目标的状态转移进行决策,确定当前帧的目标和已知目标运动轨迹的数据关联关系,取得了较好的多目标跟踪效果。随着目标检测和特征提取技术的进步,简单有效的二分图匹配算法在在线视觉多目标跟踪领域的使用越来越频繁。IoU跟踪算法直接使用前、后帧目标的检测边界框的重叠率构建代价矩阵,再使用基于二分图匹配的匈牙利算法(Hungarian algorithm)进行数据关联,得到目标的位置。该算法可以以远超实时的速度运行,但是效果较差。SORT算法先使用卡尔曼滤波器对目标的运动轨迹进行建模,构建目标的运动模型,并使用目标的运动模型预测目标的位置,再计算预测的目标位置和目标的检测边界框的重叠率,得到代价矩阵,最后使用匈牙利算法根据代价矩阵进行二分图匹配,得到目标检测边界框和目标已知轨迹的最优关联,实现在线的多目标跟踪。后续的Deepsort算法在使用卡尔曼滤波器的基础上,使用在re-id数据集上训练过的深度卷积神经网络对目标检测边界值和目标已知轨迹之间的相似度进行计算,结合了目标的空间特征和时序运动信息进行多目标跟踪,取得了更好的跟踪效果。同时,Sharma等人将目标的检测框映射成3D检测框,再结合目标的3D检测框的重叠率以及3D检测框-2D检测框的关联度和目标的外观相似度等构造代价矩阵,最后使用匈牙利算法对代价矩阵进行二分图匹配,确定目标检测边界框和目标已知轨迹的关联关系,在KITTI数据集上取得了不错的效果。近年来,也有一些研究使用深度学习进行多目标跟踪,这些研究主要使用深度学习的方法提取目标检测边界框的鲁棒的空间特征,从而进行更加精确的数据关联。

从上述的视觉多目标跟踪算法的相关研究工作来看,离线多目标跟踪算法大多同时使用目标的空间特征和时序运动特征构造数据关联的代价函数或能量函数,再使用离线的数据关联算法获得目标的最优轨迹。离线多目标跟踪算法需要使用目标的全局信息对目标的运动轨迹进行预测,并会改变目标已知的运动轨迹,这不适合在线视觉多目标跟踪任务。而在线视觉多目标跟踪算法可以处理在线视觉多目标跟踪任务和离线视觉多目标跟踪任务,因此,在线视觉多目标跟踪算法的适用性更广。在线多目标跟踪算法通常使用目标和检测边界框的空间特征进行表观相似度度量,没有利用目标背景中的信息,具有较弱的背景抑制能力。同时,在线视觉多目标跟踪算法的跟踪性能依赖时空信息的设计以及数据关联算法。因此，时空信息的设计与数据关联算法的使用也需要进行探索。另外，在线多目标跟踪算法通常难以在获得较好跟踪性能的同时具有较快的运行速度。因此，研究一种能够进行背景抑制且能够针对目标遮挡、目标尺度变化等问题设计时空特征的在线视觉多目标跟踪算法，以及一种能够均衡多目标跟踪性能和运行速度的在线视觉多目标跟踪算法具有重大的实用意义。

1.4 本章小结

本章对基于视觉信息的目标检测与跟踪进行了整体性的介绍。首先，本章给出了基于视觉信息的目标检测和基于视觉信息的目标跟踪两大计算机视觉任务的概念和内涵；其次，本章为了让读者对它们的应用价值有直观的认识，分别以文化娱乐、医疗健康、安防监控和遥感分析领域的典型应用场景为例子，介绍了基于视觉信息的目标检测与跟踪已经开展的实际应用，最后，本章详细归纳和介绍了基于视觉信息的目标检测与跟踪的国内外研究现状和进展。

第2章

基于视觉信息的目标检测与跟踪基础

卷积神经网络能够学习提取具有强大表征能力的空间特征，使得基于视觉信息的目标检测与跟踪算法对目标变形、光照变化等问题更加的鲁棒。本章将对本书涉及的相关理论进行总结。本章首先对卷积神经网络进行介绍，内容包括卷积神经网络的基本单元、经典的卷积神经网络、卷积神经网络的训练和推理流程和常用的正则化策略；其次对 R-CNN、Fast R-CNN、Faster R-CNN 等具有代表性的基于视觉信息的目标检测算法进行了详细介绍；最后对 GOTURN、SiamFC、Deepsort 等具有代表性的基于视觉信息的目标跟踪算法进行了介绍。本章内容是其他章节的理论参考与实现基础。

2.1 卷积神经网络基础

卷积神经网络作为一种重要的特征学习方法，可以通过训练来学习具有强表征能力的特征。对视觉任务来说，卷积神经网络由于其分层的特性可以提取不同分辨率和不同层级的语义信息，其提取的目标空间特征对目标变形、光照变化，尺度变化等问题都比较鲁棒，因而卷积神经网络在基于视觉信息的目标跟踪与检测任务中有诸多应用。本节将从卷积神经网络的基本单元、经典的卷积神经网络以及卷积神经网络的训练和推断等方面介绍卷积神经网络的相关理论。

2.1.1 卷积神经网络的基本单元

1. 卷积层

卷积层由一组滤波器构成，滤波器对卷积层的输入进行卷积得到卷积层的输出。其中，卷积是一种积分变换的数学方法，是分析数学中的一种重要的运算。常

见的卷积大多都是一维卷积,假设在实数域上存在可积函数 $f(t)$ 与 $g(t)$,则卷积的定义为

$$h(t)=(f*g)(t)=\int_{-\infty}^{+\infty}f(\tau)g(t-\tau)\mathrm{d}\tau \tag{2.1}$$

上述卷积运算是卷积连续域的定义,其处理的信号为连续信号。然而,在机器学习运算中,处理的信号大多都是离散信号,输入常常是特征向量。因此,将连续域卷积运算扩展到离散域,其定义为

$$h(n)=(f*g)(n)=\sum_{\tau=-\infty}^{+\infty}f(\tau)g(n-\tau) \tag{2.2}$$

上述的卷积运算的定义都是在一维信号上的定义。但是在图像处理任务中,需要处理的是二维的图像信号。因此,需要将卷积的一维离散形式推广到二维离散形式,其定义为

$$h(m,n)=\sum_{i}\sum_{j}f(i,j)g(m-i,n-j) \tag{2.3}$$

卷积层通常会使用多组滤波器对输入进行卷积操作,得到对应的多组输出。每一组输出会由于滤波器的不同学习不同的特征,从而使得后续基于空间卷积特征进行的相关任务性能更佳。

相较于经典的全连接操作,卷积层使用滤波器对输入进行卷积操作,输出对应的特征图。对于每一层输出的特征图,滤波器的参数是共享的,这使得卷积层的卷积操作相较于全连接操作大大减少了参数量。例如,对于一个输入维度和输出维度都为 $M\times N\times H$ 的全连接层,其参数量为 $M^2\times N^2\times H^2$,而对使用 3×3 大小的卷积核的卷积层来说,参数量只有 $3\times3\times H^2$。卷积层的参数量只是全连接层的 $\frac{9}{(M^2\times N^2)}$。卷积层相较于全连接层大大减少参数量的特点,使得卷积层更容易训练,也不容易过发生拟合。同时,权值共享使得卷积神经网络对于目标的平移变换具有等变性,即当目标在图像上进行平移时,由于卷积层的权值共享,这不会改变目标在特征图上的表示,使得整个卷积神经网络具有平移不变性。

另外,由于全连接层会用全连接方式对输入矩阵的所有值进行映射,因此,这会使输入图像丧失本身的空间结构信息,对图像处理任务的性能影响较大。而卷积层使用卷积操作对输入图像进行运算,不仅可以保留图像的空间结构信息,而且由于卷积核感受野的限制会使卷积神经网络的感受野随着网络层数的加深而慢慢变大,因此卷积层使得卷积神经网络可以在不同层的特征图上学习不同的分辨率以及不同语意的空间特征,这对于各种视觉任务意义重大。

卷积层作为卷积神经网络的核心基本单元,对卷积神经网络的输入矩阵进行具有权值共享特性的卷积操作,使得卷积神经网络具有稀疏连接以及平移不变性等优点。同时,卷积神经网络可以在不同深度的卷积层提取具有不同分辨率和不同语义的空间特征,这使得卷积神经网络具有强大的特征提取能力,能够提取鲁棒

的空间特征。

2. 池化层

池化层是卷积神经网络的基本单元之一，其由池化操作构成。池化操作按照统计方式可以划分为平均池化、最大池化和随机池化。在卷积神经网络中使用较多的是平均池化(如图 2-1 所示)和最大池化(如图 2-2 所示)。

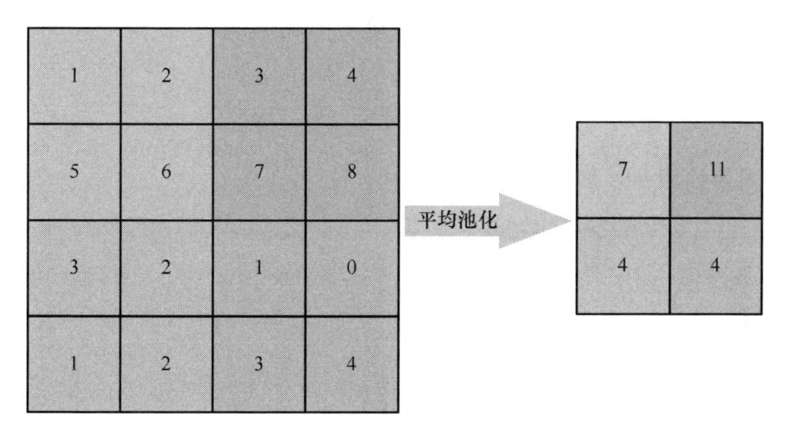

图 2-1 平均池化操作示意图

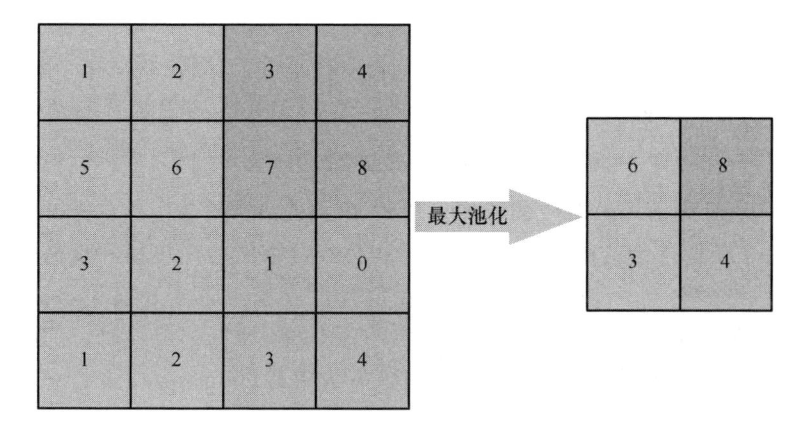

图 2-2 最大池化操作示意图

如图 2-1 所示，使用 2×2 大小的池化层对一个 4×4 大小的输入进行平均池化操作，得到一个 2×2 大小的输出，每个输出对应 2×2 大小输入的平均值。

如图 2-2 所示，使用 2×2 大小的池化层对一个 4×4 大小的输入进行最大池化操作，得到一个 2×2 大小的输出，每个输出对应 2×2 大小输入的最大值。

池化层对卷积神经网络主要有两个重要的作用：一是对输入特征图进行降维，减少计算量的同时增大卷积神经网络的感受野；二是池化层使得卷积神经网络保持平移不变性，当目标在图像中的位置发生微小变动时，经过池化操作后，图像的特征值保持不变。

3. 激活层

激活层是由激活函数构成的。激活层通过引入激活函数来向卷积神经网络引入非线性，使得卷积神经网络可以拟合任意分布。卷积神经网络的激活层大多由sigmoid、tanh、relu 和 leakly relu、prelu 等激活函数构成。

sigmoid 激活函数定义为

$$f(x)=\mathrm{sigmoid}(x)=\frac{1}{1+\mathrm{e}^{-x}} \tag{2.4}$$

其对应的图像如图 2-3 所示。

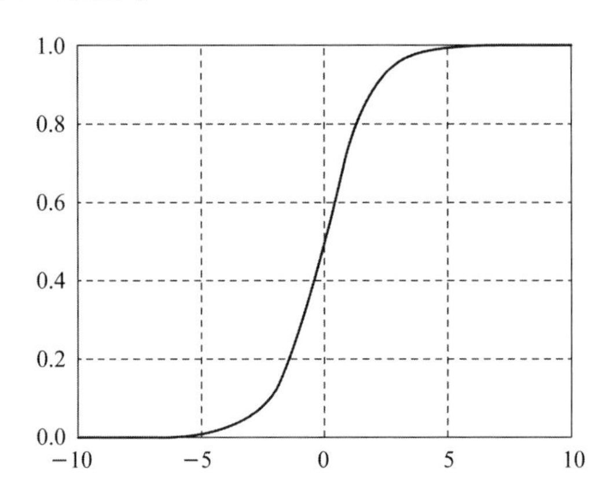

图 2-3 sigmoid 激活函数示意图

从 sigmoid 激活函数对应的图像可以看出，sigmoid 激活函数的输出在 0 到 1 之间，是一个单调连续的函数，这有利于卷积神经网络的前向传播和反向求导。然而，其也有 3 个缺点：一是 sigmoid 函数在值接近 0 或 1 时接近饱和，其梯度接近 0，容易导致梯度消失；二是 sigmoid 函数含有幂计算，计算相对耗时；三是 sigmoid 函数不是原点中心对称的，容易产生不是以零为中心(non-zero-centered)问题，导致模型的收敛速度下降。

tanh 激活函数定义为

$$f(x)=\tanh(x)=\frac{\mathrm{e}^{x}-\mathrm{e}^{-x}}{\mathrm{e}^{x}+\mathrm{e}^{-x}} \tag{2.5}$$

其对应的图像如图 2-4 所示。

从 tanh 激活函数对应的图像可以看出，tanh 函数也是一个连续可导的函数，关于原点中心对称，解决了 sigmoid 函数的 zero-centered 问题。然而，tanh 激活函数同样面临梯度消失和计算耗时的问题。

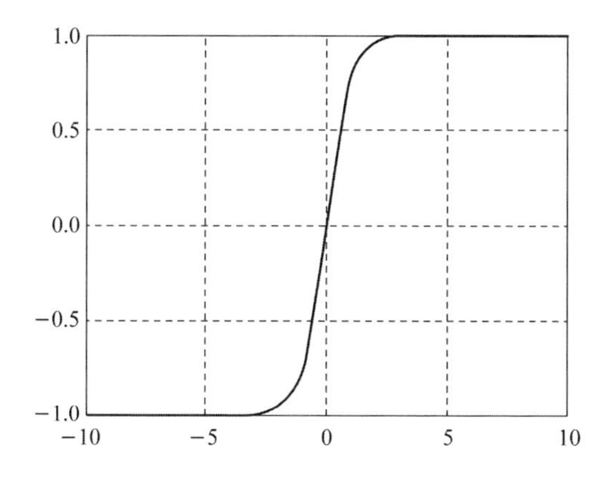

图 2-4 tanh 激活函数示意图

针对 tanh 激活函数存在的问题,Hinton 等人提出了 relu 激活函数,其定义为

$$f(x)=\text{relu}(x)=\max(x,0) \tag{2.6}$$

其对应的图像如图 2-5 所示。

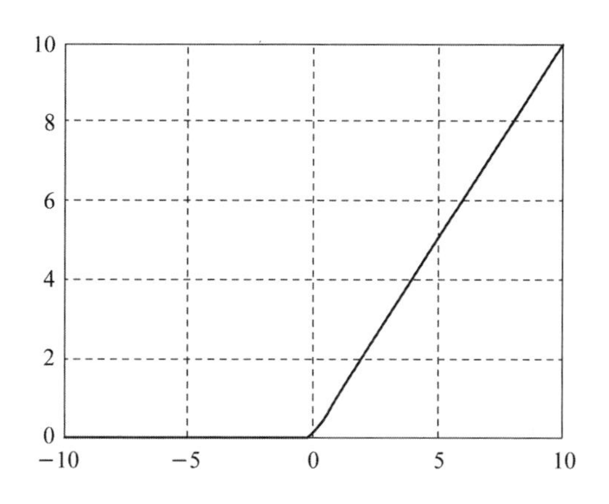

图 2-5 relu 激活函数示意图

从 relu 激活函数对应的图像可以看出,其是一个分段线性函数。相比于 sigmoid 激活函数和 tanh 激活函数,relu 激活函数在一半实数域上是不饱和的。因此,relu 激活函数在正区间上解决了梯度消失的问题。同时,由于只需判断输入是否大于 0,因此 relu 激活函数的计算速度较快,收敛速度也快于 sigmoid 激活函数和 tanh 激活函数。但是,relu 激活函数也会产生 non-zero-centered 问题且当输入小于 0 时神经元将永远不能激活,导致相对应的参数不能更新。

针对 relu 激活函数存在的问题,leakly relu 激活函数和 prelu 激活函数被提出。prelu 激活函数的定义为

$$f(x)=\text{prelu}(x)=\max(ax,x) \tag{2.7}$$

其对应的图像如图 2-6 所示。

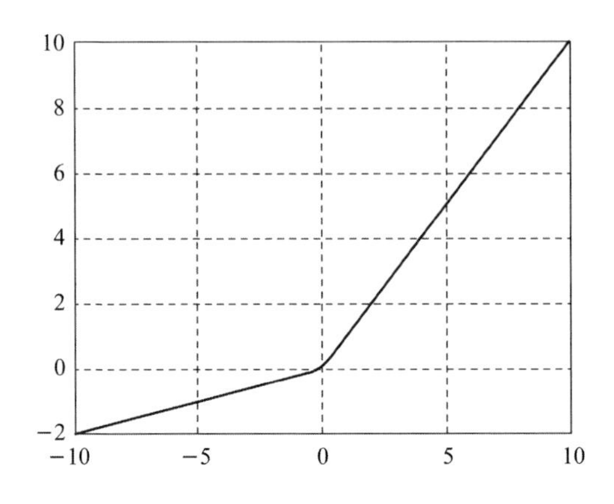

图 2-6　prelu 激活函数示意图

当 $a=0.01$ 时，prelu 激活函数便变为 leakly relu 激活函数。从图 2-5 和图 2-6的对比可以看出，prelu 激活函数是 relu 激活函数的改进型。prelu 激活函数在输入为负数时，斜率不为 0，可以避免 relu 激活函数的神经元死亡问题，使得其对应的参数得以更新。

综上所述，激活层由激活函数构成，其给卷积神经网络引入非线性，使其能够拟合任意分布。同时，对卷积神经网络来说，选择合适的激活函数非常重要，这将直接影响网络的收敛速度甚至收敛性，进而影响卷积神经网络的特征学习能力。

4. 全连接层

全连接层是卷积神经网络的重要基本单元之一。卷积神经网络的前面几层一般是卷积层、激活层和池化层。这些层提取图像的空间特征，然后把提取到的空间特征输入全连接层进行组合分类。首先通过式(2.8)定义全连接层，其基本形式为

$$\mathrm{fc}(\boldsymbol{x})=\boldsymbol{w}\boldsymbol{x} \tag{2.8}$$

其中，$\boldsymbol{w}$ 是全连接层的参数，$\boldsymbol{x}$ 为全连接层的输入向量。

如图 2-7 所示，这是一个含有 3 个全连接层的全连接网络，可以看出，全连接层输出的每一个神经元都和输入层的所有神经元连接，这也是全连接层名称的由来。在卷积神经网络中，前面的若干个卷积层、激活层和池化层的作用是学习输入图像的空间特征，而在卷积神经网络的最后通常都会接若干个全连接层，主要原因是需要使用全连接层对输入图像进行分类。

综上所述，全连接层对卷积神经网络具有重要的意义，其一般都在卷积神经网络的最后若干层被使用。全连接层主要作用是对学习到的图像的空间特征进行识别，这也是由于目前大部分计算机视觉任务都涉及目标的识别，需要对图像中的目标进行分类。

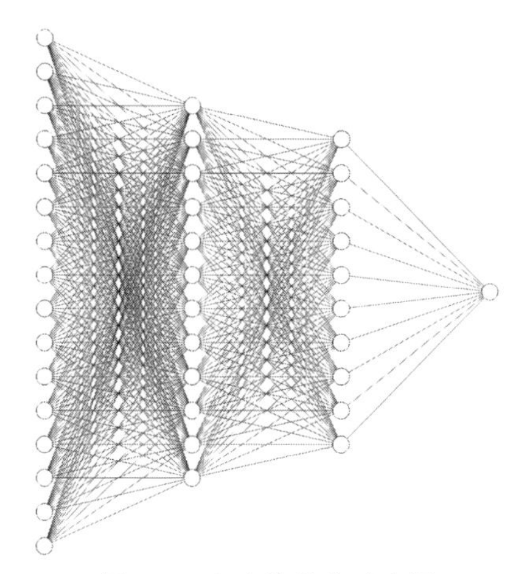

图 2-7 全连接操作示意图

2.1.2 经典的卷积神经网络

卷积神经网络的设计理念在近些年不断发展和创新,因此产生了一系列经典的卷积神经网络,本节将重点介绍一些与本书工作相关的卷积神经网络。

LeNet 是得到学术界和工业界广泛重视和认可的卷积神经网络。LeNet 主要用于邮局或银行的手写数字识别,取得了和人类比肩的识别效果。LeNet 的结构如图 2-8 所示,LeNet 在不包含输入层和激活层的情况下一共有 6 层,其中有两个卷积层、两个池化层和两个全连接层。LeNet 的输入图像大小为 32×32,两个卷积层对应的卷积核大小为 5×5。其中,第一层卷积层有 6 组滤波器,第二层卷积层有 16 组滤波器,卷积层后是激活函数为 sigmoid 函数的激活层、2×2 的平均池化层、以及两层全连接层。LeNet 的输出为 10 维的向量,对应为 10 个手写数字的 one-shot 向量。LeNet 通过手写数字训练集对模型的参数进行训练。其中,模型卷积层学习输入图像的空间卷积特征,全连接层对学习到的图像空间卷积特征进行组合分类,激活层使模型能够拟合任意的分布。综合上述构成,卷积神经网络模型具有优越的特征提取和分类性能。

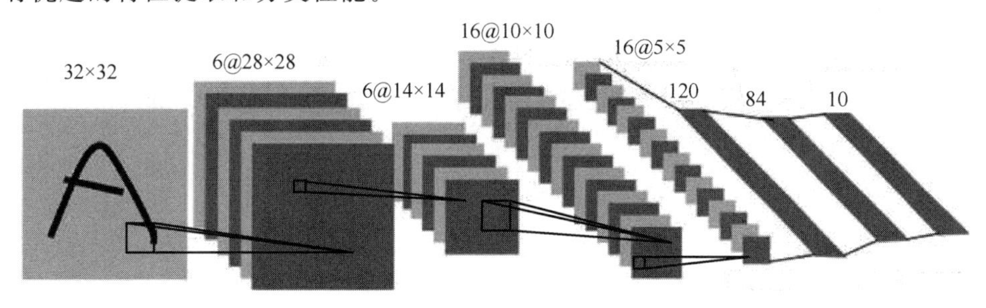

图 2-8 LeNet 的结构

LeNet 使用两个卷积层、两个池化层和两个全连接层在 MINIST 数据集上进行训练和测试，取得了可比肩人类的识别效果。然而，在 LeNet 被提出后的 20 多年间，受限于训练数据集和计算机的运算速度，卷积神经网络发展缓慢。2012 年，随着大规模视觉图像数据集 ImageNet 的提出和计算机硬件的进步，Alex 和 Hinton 等人提出了第一个真正意义上的卷积神经网络 AlexNet。AlexNet 的结构如图 2-9 所示，受限于当时的 GPU 的大小和处理速度，AlexNet 使用两个并行的卷积分支对输入图像进行处理，这两个卷积分支在两个 GPU 上进行并行运算。AlexNet 含有 5 个卷积层、3 个池化层和 3 个全连接层。其中，相较于 LeNet 使用同一尺寸的 5×5 卷积核，AlexNet 对卷积层卷积核的大小进行了精细挑选，使用了 3 个不同尺寸的卷积核，分别为 11×11、5×5、3×3。其在前两个卷积层分别使用 11×11、5×5 的卷积核，后 3 个卷积层使用 3×3 的卷积核。主要的出发点是输入图像尺寸较大，在卷积神经网络的前几层需要对输入图像进行降维以减少计算量，同时也增大网络的感受野。AlexNet 的池化层使用了最大池化，激活层使用的是 relu 激活函数。后续随着 GPU 显卡技术的发展，研究人员一般把原始 AlexNet 的两个并行卷积分支合并成一个，并在单个 GPU 上运行，其结构如图 2-10 所示。

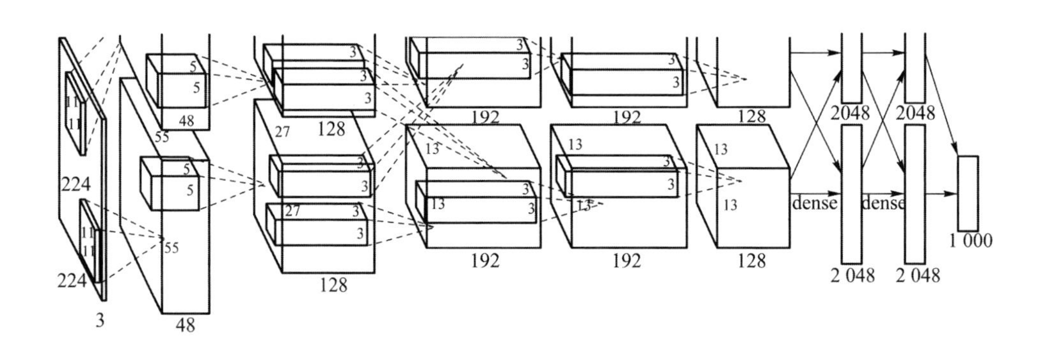

图 2-9　AlexNet 的结构

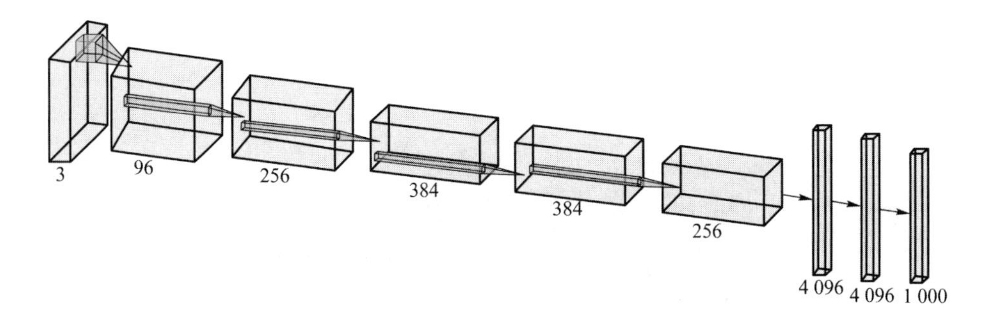

图 2-10　合并后的 AlexNet 结构

AlexNet 在 ILSVRC 2012 分类竞赛中取得了第一名的好成绩，相较于第二名识别准确率提升了 10%以上，但是其 Top5 的识别失败率还是在 15%以上。因此，在后续的 ImageNet 竞赛中，研究人员不断尝试创新卷积神经网络的结构，加深卷积神经网络的层数以获取更加强大的特征进行目标识别。2014 年，牛津大学的 VGG 团队提出了经典的卷积神经网络 VGGNet，通过增加网络的深度提升了网络的识别性能。VGGNet 提出了两种不同深度的卷积神经网络，即 VGG16 和 VGG19。在不计算池化层和激活层时，VGG16 和 VGG19 分别含有 16 个卷积层和 19 层全连接层。如图 2-11 所示，VGG16 含有 13 个卷积层和 3 个全连接层，其所有的卷积层都使用 3×3 的卷积核。相较于 AlexNet 的网络结构，VGGNet 使用 3×3 的小卷积核代替 AlexNet 中的大卷积核，这主要是因为两个 3×3 卷积核可以代替一个 5×5 卷积核的作用，而 3 个 3×3 卷积核可以代替一个 7×7 卷积核的作用。因此，含有小卷积核的卷积层的堆积在不断增加网络感受野的同时可以减少参数量。小卷积核的使用可以使得网络的深度得以加深，而更深的网络含有更多的激活层，含有更多的非线性变换，这使得网络的特征学习能力更强，可以提取更加强大的特征。

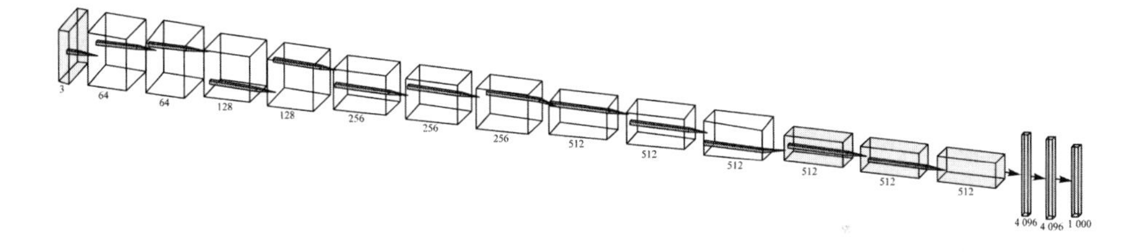

图 2-11 VGG16 结构

同年，谷歌团队提出了一种名为 GoogLeNet 的深度卷积神经网络，其使用一种名为 Inception 的网络结构作为基础单元进行堆叠，Inception 的结构如图 2-12 所示。在 Inception 结构中，作者使用了多个卷积分支对同一输入进行卷积操作，每一个分支使用不同大小的卷积核或池化层对输入进行运算，得到不同感受野的特征图。同时，为了减少网络的参数量，Inception 结构使用 1×1 卷积核对输入特征图进行降维处理，1×1 卷积核可以加深网络的层数从而使网络具有更多的非线性变换，网络的特征学习能力更强，因此可以提取更加强大的特征。GoogLeNet 使用不同大小的卷积核对输入特征图进行处理，在加深网络深度的同时加宽了网络的宽度，可以学习更加多样和强大的特征，因此也取得了很好的效果。后续有很多工作基于 GoogLeNet 的设计思想，提出了很多 GoogLeNet 的升级版结构。

近年来，卷积神经网络的深度从 AlexNet 的 7 层，到 VGGNet 的 16、19 层，再到 GoogLeNet 的 22 层，其深度不断加深，识别的性能越来越高。然而，若按照 VGGNet 和 GoogLeNet 的设计思路再加深网络层数，研究人员发现网络的分类能力反而下降，

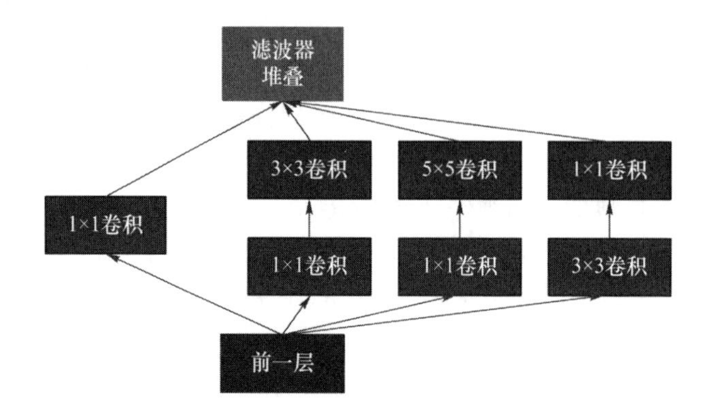

图 2-12　Inception 的结构示意图

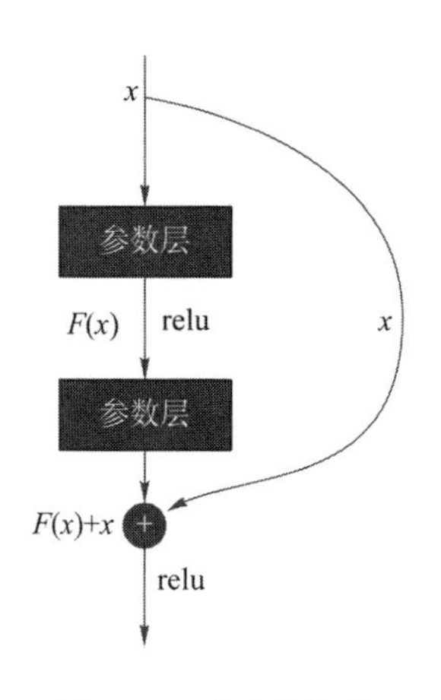

图 2-13　残差结构块

模型的收敛速度也变慢。因此，何凯明等人在论文中提出了一种新的深度卷积神经网络的设计思路，提出使用一种名为残差结构块的网络结构进行堆叠，构成了著名的残差网络 ResNet。残差结构块如图 2-13 所示，假设网络的期望输出是 $H(x)$，不同于之前的网络结构设计思想的直接回归 $H(x)$，ResNet 通过一个跳层连接，期望网络模型学习到 $F(x)=H(x)-x$，则此时的输出 $H(x)$ 为 $F(x)+x$。这种设计思想使得更深的网络结构成为可能，因为恒等映射的存在使得 ResNet 不会出现梯度消失，因此，虽然 ResNet 的网络层数很深，但是网络的浅层参数可以不断地更新。同时，恒等映射也使得深度卷积神经网络不会随着层数的变深而性能下降，避免了卷积神经网络的性能退化问题。

2.1.3　卷积神经网络的训练和推理

本节将主要介绍如何使用卷积神经网络进行特征学习和特征提取，即如何训练和推理卷积神经网络。

1. 卷积神经网络的训练

假设存在一个训练集 $x=\{(x^{(1)},y^{(1)}),(x^{(2)},y^{(2)}),\cdots,(x^{(m)},y^{(m)})\}$，其中共有 m 个训练样本，每个训练样本包含一个输入 $x^{(i)}$ 和其对应的标签 $y^{(i)}$。使用这个训练集训练一个深度为 L 的卷积神经网络。在训练卷积神经网络时，误差反向传播算法是常用的网络参数优化算法，其根据预先定义好的损失函数，采用链式求导法则，基于梯度下降的原理对网络的参数进行优化。假设采用交叉熵损失函数对网

络的参数进行优化,损失函数定义为

$$J(\theta) = L(\theta) + \Phi(\theta)$$
$$= -\frac{1}{m}\Big[\sum_{i=1}^{m} y^{(i)} \log h_\theta(x^{(i)}) + (1 - y^{(i)})\log(h_\theta(x^{(i)}))\Big] + \frac{\lambda}{2m}\sum_{j=1}^{m}\theta_j^2 \tag{2.9}$$

其中,$L(\theta)$为交叉熵损失,$\Phi(\theta)$为正则化项,$h_\theta(x^{(i)})$为输入 $x^{(i)}$ 对应的网络输出,θ为卷积神经网络的参数,λ 为自定义的超参数。当得到网络的损失函数时,便可以通过误差反向传播算法对网络所有可学习的参数进行优化。在算法 2-1 中给出参数优化算法的伪代码。

算法 2-1 卷积神经网络训练过程

输入:网络层数 L ,第 l 层的权重参数 $W^{(l)}, l \in \{1,\cdots,L\}$,第 l 层的偏置参数 $b^{(l)}, l \in \{1,\cdots,L\}$,每层的运算函数 $f(\cdot)$,每层的激活函数 $g(\cdot)$,训练样本 $x^{(i)}$,样本标签 $y^{(i)}$,网络的输出$\hat{y}$,交叉熵损失 $L(\theta)$,正则化项 $\Phi(\theta)$,学习率 η,求导运算∇

步骤:

1. $\nabla_{\hat{y}} J = \nabla_{\hat{y}} J(\hat{y}, y)$
2. $\Theta = \nabla_{\hat{y}} J$
3. **for** $l = L, L-1, \cdots, 1$ **do**
4. $\quad \nabla_\theta J = d \odot g'(\theta)$
5. $\quad \nabla_{b^{(l)}} J = \nabla_{b^{(l)}} \nabla_\theta J + \nabla_{b^{(l)}} \Phi(W, b)$
6. $\quad \nabla_{W^{(l)}} J = \nabla_{W^{(l)}} \nabla_\theta J \odot \nabla_{W^{(l)}} f(W^{(l)}, h^{(l-1)}) + \nabla_{W^{(l)}} \Phi(W, b)$
7. $\quad W^{(l)} = W^{(l)} + \eta \nabla_{W^{(l)}} J$
8. $\quad b^{(l)} = b^{(l)} + \eta \nabla_{b^{(l)}} J$
9. $\quad \Theta = \nabla_{h^{(l-1)}} J = \nabla_{a^{(l)}} J \odot \nabla_{h^{(l-1)}} f(W^{(l)}, h^{(l-1)})$
10. **end for**

2. 卷积神经网络的推理

当卷积神经网络经过训练后,如何使用卷积神经网络进行推理,即如何使用卷积神经网络对输入进行运算,得到网络的输出便尤为重要。相较于卷积神经网络的训练(即卷积神经网络参数的优化),卷积神经网络的推理更加简单直接,其伪代码如算法 2-2 所示。

算法 2-2 卷积神经网络推理过程

输入:网络层数 L ,第 l 层的权重参数 $W^{(l)}, l \in \{1,\cdots,L\}$,第 l 层的偏置参数 $b^{(l)}, l \in \{1,\cdots,L\}$,每层的运算函数 $f(\cdot)$,每层的激活函数 $g(\cdot)$,输入样本 x,输出$\hat{y}$

步骤:

1. $h^{(0)} = x$

2. **for** $k=1,\cdots,l$ **do**
3. $o^{(k)}=b^{(k)}+f(W^{(k)},h^{(k-1)})$
4. $h^{(k)}=g(o^{(k)})$
5. **end for**
6. $\hat{y}=h^{(l)}$

通过卷积神经网络的推理过程，卷积神经网络可以得到输入图像的多层空间卷积特征，而不同层的特征图对应不同的分辨率和不同语意信息的空间卷积特征，可以利用这些特征进行后续的处理，完成需要处理的视觉任务。

2.1.4 正则化策略

为了能够在训练过程中保障泛化误差而不仅仅是减小训练误差，正则化策略获得了持续性的关注与研究。对输入数据进行数据增强来增加训练集中样本的多样性，是提高模型泛化性能最佳的策略。然而，针对不同应用场景，不同数据增强策略起到的作用是不同的。例如，针对遥感图像目标中舰船的检测，对输入图像进行一定的旋转获得新的数据有利于提高在更多未知场景下舰船检测的准确率。而旋转变换有时会改变目标的类别，此时就不应该使用该策略对数据进行扩增。在代价函数中添加惩罚约束项，对具有较高复杂度的模型进行简化，也是一种广泛使用的正则化策略。假设 C_0 是经验风险，C 是结构化风险。向经验风险中添加正则化项，就可以使训练过程中模型参数学习具有特定的偏向性。带有正则化项的代价函数的一般形式如下：

$$C=C_0+\lambda R(w) \tag{2.10}$$

其中，$\lambda R(w)$是正则化项，λ 是用来调节正则化项对模型参数训练影响程度的超参数。常见的正则化项包括 L1 正则化项以及 L2 正则化项。使用 L1 正则化项时，代价函数表示如下：

$$C=C_0+\frac{\lambda}{n}\sum|w| \tag{2.11}$$

其中 n 为权重参数的数量。将权重参数的绝对值之和的平均值添加到代价函数中，可以使模型训练过程中的参数偏向于向 0 逼近。因此，权重向量在最优化的过程中会变得稀疏，令网络着重关注重要的输入特征而忽略其他的无关特征。当使用 L2 正则化项时，代价函数表示如下：

$$C=C_0+\frac{\lambda}{2n}\sum w^2 \tag{2.12}$$

在代价函数中添加 L2 正则化项，参数的更新方法由式(2.13)变为式(2.14)：

$$w_{t+1}=w_t-\eta\frac{\partial C_0}{\partial w_t} \tag{2.13}$$

$$w_{t+1}=w_t-\eta(\frac{\partial C_0}{\partial w_t}+\frac{\lambda}{n}w_t)=(1-\frac{\eta\lambda}{n})w_t-\eta\frac{\partial C_0}{\partial w_t} \tag{2.14}$$

其中，η 表示学习率大小。由于 η、λ、n 都是正数且 η、λ 远小于 n，$\frac{\eta\lambda}{n}$项是一个小于 1 的正数，因此使用 L2 正则化项后，参数在学习过程中会偏向于减小参数值。

Bagging 等集成算法也是一种正则化策略。集成算法会训练多个模型，并对所有模型的预测结果进行投票表决从而获得最终的结果。集成算法通常允许使用不同的方式构建集成模型，而 Bagging 算法则是使用相同的模型结构、训练算法以及目标函数对训练集中具有一定差异的不同子模型进行训练。Dropout 算法在 Bagging 算法基础上进行改进，在神经网络训练过程中，当网络结构较大时，直接使用原始的 Bagging 算法获得多个子模型进行模型平均是不现实的。Dropout 算法提出在现有大网络模型的基础上，在每次训练时对其中的神经元进行随机的弃用。由于每个子模型都是由继承父神经网络的部分参数构成的，因此这些子模型之间是参数共享的，从而保障了在有限资源下指数级数量子模型的获取与训练。而在测试过程中，不再对神经元进行随机的失活，但将每个神经元的输出与一个超参数 p 相乘，从而保障训练测试过程中输出的一致性。此外，随机丢弃神经元还能使网络中相邻节点之间的依赖性降低，从而使得神经元节点不断探索新的特征来保障学习的有效性。在卷积神经网络中，基于 Dropout 算法的思路进一步提出了 DropBlock 算法，通过随机丢弃特征映射层中一部分相邻的区域，解决卷积神经网络中 Dropout 算法随机丢弃神经元时无法完全丢弃该神经元在图像上对应的局部输入信息的问题。

神经网络中各层输入分布在训练过程中会发生变化，导致网络难以有效训练，为了解决上述问题，批归一化(BN)算法对每一层输入数据进行归一化操作。而为了解决归一化后模型学习到的特征分布丢失的问题，BN 算法中引入一种特征重构策略，通过可学习的尺度参数 γ 与偏移参数 β，从归一化后的输入特征恢复学习到特征表达。由于 BN 算法中每次进行参数更新的批次中的数据具有随机性，因此同一训练样本在不同批次内送入网络训练时会获得不同的特征表达，从而提高模型的泛化性能。

标签平滑正则化方法通过解决目标向量为 one-hot(独热编码)变量时的模型过度自信问题，实现对网络的约束。常用的分类损失交叉熵损失的计算方式如下所示：

$$L_{\text{cls}}=-\frac{1}{m}\sum_{k=1}^{m}\sum_{i=1}^{n}y_i\log p_i \tag{2.15}$$

其中，m 为样本数量，n 为分类类别数，y_i 为对应类别上的标签值，目标向量为 one-hot 变量时，在正确类别位置上标签值为 1，而在其他位置上标签值均为 0。因此，模型在计算损失过程中并未考虑非正确类别位置上的错误预测大小。通过将目标向量

中的最小值改变为 ε,从而使得错误类别位置上的预测值也能获得对应的学习。标签平滑的公式如下所示：

$$y_{\text{smooth}} = (1-\varepsilon) y + \varepsilon u \tag{2.16}$$

其中 ε 为平滑因子,而 u 是人为设定的一个固定分布,通常设置为各项均为 1 的列向量。使用标签平滑的目标向量计算最终的损失,可以使网络学习过程中关注到错误类别位置上的预测值,从而提高模型的泛化能力。

2.2 典型目标检测算法

2.2.1 双阶段目标检测算法

1. R-CNN 模型

R-CNN 模型是一种典型的基于感兴趣区域提取的目标检测网络。R-CNN 模型结合了自底向上的区域生成方法和深度卷积神经网络,相对于使用传统手工特征的目标检测方法实现了明显的性能提升。R-CNN 模型包括 3 个步骤,如图 2-14 所示。第一步,模型使用区域生成方法输出一组不包括目标类别信息的感兴趣区域。区域生成方法的主要作用是为目标检测器提供可能包含感兴趣目标的感兴趣区域。第二步,模型使用了一组深度卷积神经网络处理每个区域,提取一组固定尺寸的特征向量。第三步,模型使用 SVM 分类器处理每个特征向量,进行每个区域的类别预测。

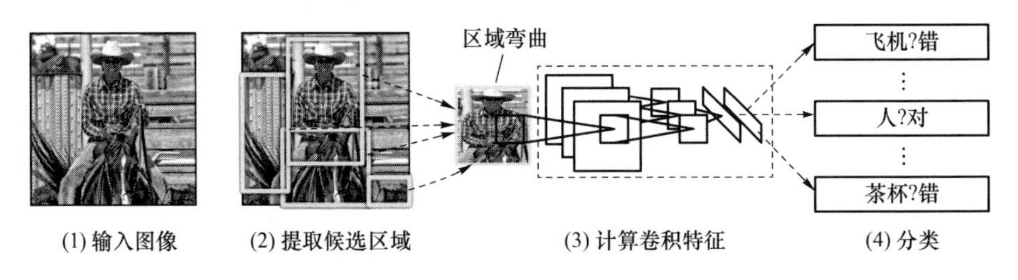

图 2-14 R-CNN 模型的结构

R-CNN 模型在训练阶段使用了基于监督学习的模型预训练方法。R-CNN 模型使用了 ImageNet 数据集进行训练。由于 ImageNet 数据集只提供了图像分类的标注信息,因此基于监督学习的模型预训练方法只对卷积神经网络的分类功能提供了监督信息。R-CNN 模型使用了面向域的微调训练方法,目的是让深度卷积神经网络学习适用于目标检测任务和区域生成方法提取的图像切片的特征。R-

CNN 模型对每个感兴趣区域预测回归补偿值,拟合目标真值的检测框。假设感兴趣区域表示为 P,$P=(P_x,P_y,P_w,P_n)$,对应的目标真值框表示为 G(包含 G_x、G_y、G_w、G_n),感兴趣区域和目标之间的回归补偿值表示为

$$\begin{cases} t_x=\dfrac{(G_x-P_x)}{P_w} \\ t_y=\dfrac{(G_y-P_y)}{P_h} \end{cases} \tag{2.17}$$

$$\begin{cases} t_w=\log\dfrac{G_w}{P_w} \\ t_h=\log\dfrac{G_h}{P_h} \end{cases} \tag{2.18}$$

其中,t_x 和 t_y 表示感兴趣区域和目标的中心点位移,t_h 和 t_w 表示感兴趣区域和目标的尺寸拉伸。推理过程中,模型预测的回归补偿值表示为$[d_x(P),d_y(P)]$和$[d_w(P),d_h(P)]$,目标检测框的空间位置表示为

$$\begin{cases} \hat{G}_x=P_w d_x(P)+P_x \\ \hat{G}_y=P_h d_y(P)+P_y \end{cases} \tag{2.19}$$

$$\begin{cases} \hat{G}_w=P_w e^{d_w(P)} \\ \hat{G}_h=P_h e^{d_h(P)} \end{cases} \tag{2.20}$$

其中,$\hat{G}_x$ 和 $\hat{G}_y$ 表示目标的中心点坐标,$\hat{G}_w$ 和 $\hat{G}_h$ 表示感兴趣区域的长和宽。R-CNN模型使用了所有区域生成方法提取的图像切片训练网络。当区域框和目标的重合比大于 0.5 时,模型使用目标类别作为样本的训练真值。当区域框和目标的重合比小于 0.5 时,模型将样本的训练真值设置为背景。R-CNN 模型的类别分类器使用了 SVM 分类器。SVM 分类器的样本筛选规则和上述深度卷积神经网络的设置不同。当区域框和目标的重合比大于 0.3 时,模型使用目标类别作为样本的训练真值。当区域框和目标的重合比小于 0.3 时,模型将样本的训练真值设置为背景。

2. Fast R-CNN 模型

Fast R-CNN 模型对 R-CNN 模型的网络结构、训练步骤和推理流程进行了改进。研究工作指出,R-CNN 模型在训练阶段存在不足。首先,R-CNN 模型的训练步骤包括多个阶段。模型需要在图像切片数据集中训练深度卷积神经网络,然后使用卷积神经网络特征训练 SVM 分类器。并且,模型需要训练一组目标外接矩形回归器。相对于目标分类模型,R-CNN 模型的训练过程过于复杂。一方面,R-CNN 模型的训练步骤需要浪费大量存储空间和运算时间,在 SVM 和目标外接矩形回归器的训练过程中,需要将每个感兴趣区域的深度神经特征进行存储;另一方

面,R-CNN 模型的推理速度较慢,模型需要对每个感兴趣区域使用深度卷积神经网络进行推理,占用很多的推理时间。

Fast R-CNN 模型指出,减少卷积神经网络对感兴趣区域重叠部分的冗余运算,可以有效提高检测模型的运行效率并简化模型的训练和推理流程。如图 2-15 所示,Fast R-CNN 模型首先使用一组深度卷积神经网络处理输入图像,得到图像的深度神经特征图。然后,Fast R-CNN 模型使用感兴趣区域池化操作处理每个区域框,从深度神经特征图中提取每个区域框的局部特征。最后,Fast R-CNN 模型使用一组全连接层处理每个感兴趣区域框的局部特征并进行类别预测和检测框预测。其中,感兴趣区域池化操作的主要作用是处理任意形状的感兴趣区域并提取固定尺寸的特征向量。感兴趣区域池化操作首先将感兴趣区域划分成等间隔的网络,然后使用最大池化方法提取每个网格内的特征单元。相比于 R-CNN 模型,Fast R-CNN模型的训练流程更加高效。Fast R-CNN 模型从每个图像中选取 64 个感兴趣区域,然后使用分类器和定位器处理感兴趣区域,减少了模型在感兴趣区域的重叠区间进行重复的深度卷积神经网络推理。Fast R-CNN 模型不再使用 SVM,而使用全连接层构建分类器和定位器。这种设计使模型拥有一组完整的训练流程,不再采用 R-CNN 模型的多轮训练方法。假设,给定一个感兴趣区域,模型对 $K+1$ 种类别预测的类别置信度表示为 $p=(p_0,\cdots,p_K)$,检测框的回归补偿值表示为 $t^k=(t_x^k,t_y^k,t_w^k,t_h^k)$。Fast R-CNN 模型的损失函数表示为

$$L(p,u,t^u,v)=L_{cls}\cdot(p,u)+[u\geqslant 1]\cdot L_{loc}(t^u,v) \tag{2.21}$$

其中,变量 u 和 v 表示目标的真实类别和回归补偿真值。函数 $L_{cls}(p,u)$ 表示目标分类的损失函数,函数 $L_{loc}(t^u,v)$ 表示目标定位的损失函数,两者分别表示为

$$\begin{cases} L_{cls}(p,u)=-\log p_u \\ L_{loc}(t^u,v)=\sum_{i\in\{x,y,w,h\}}\text{smooth}_{L_1}(t_i^u-v_i) \end{cases} \tag{2.22}$$

$$\text{smooth}_{L_1}(x)=\begin{cases} 0.5x^2, & |x|<1 \\ |x|-0.5, & \text{其他} \end{cases} \tag{2.23}$$

Fast R-CNN 模型使用多任务学习方式,有效地简化了模型训练过程。

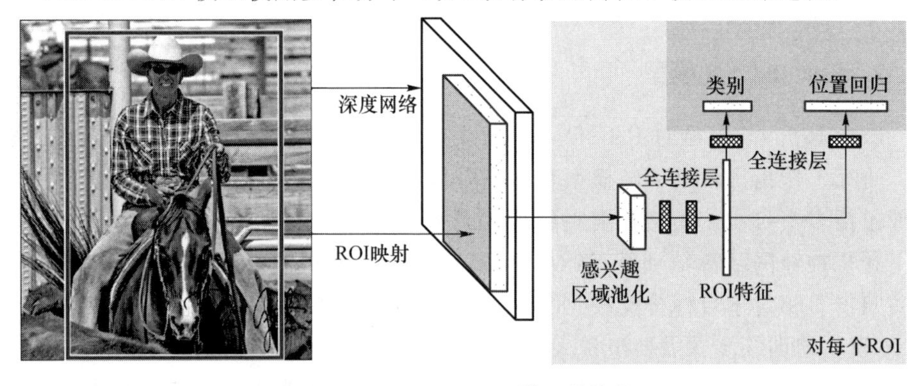

图 2-15 Fast R-CNN 模型的结构

3. Faster R-CNN 模型

Faster R-CNN 模型也对 R-CNN 模型的区域生成、训练步骤和推理流程进行了改进。R-CNN 模型和 Fast R-CNN 模型使用 Edge Box 等基于底层特征和人工推理流程的区域生成方法,模型运算时间长且目标召回率有限。Faster R-CNN 模型提出使用区域生成网络(Region Proposal Network,RPN)预测可能包含目标的感兴趣区域,可以更准确地找回前景目标,并实现更快的推理效率。如图 2-16 所示,Faster R-CNN 模型包括 3 个组成部分:主干网络、区域生成网络和目标检测探头网络。Faster R-CNN 模型首先使用主干网络处理输入图像,进行特征提取,得到特征图。然后,区域生成网络会扫描特征图并在每一个位置上预测可能包括前景目标的感兴趣区域。最后,Faster R-CNN 模型使用感兴趣区域池化方法提取每个感兴趣区域的特征,并使用目标检测探头网络处理感兴趣区域进行目标识别和目标定位。

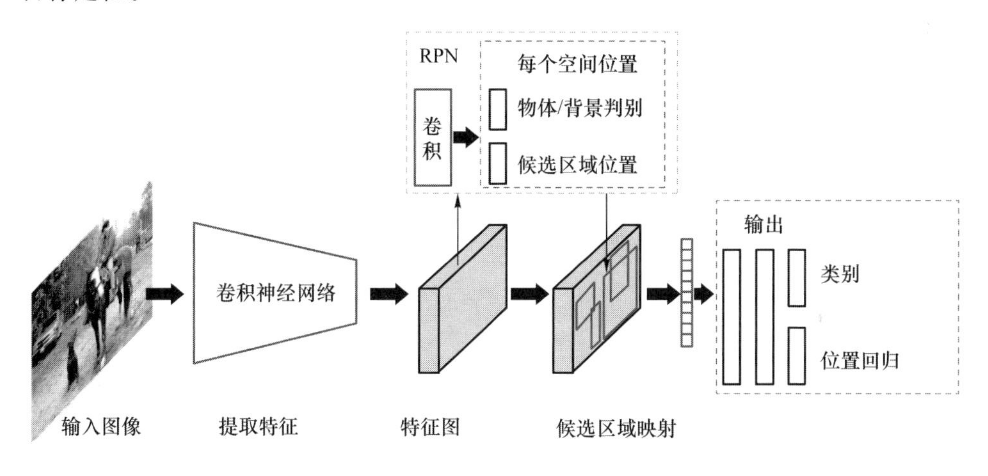

图 2-16 Faster R-CNN 模型的结构

Faster R-CNN 模型将注意力机制引入目标检测模型。区域生成网络的主要作用是为目标检测模型筛选前景区域和过滤无关的背景区域,为目标检测探头网络提供处理范围。区域生成网络使用图像的深度特征作为输入,并预测一组感兴趣区域和前景置信度。Faster R-CNN 模型使用全卷积网络搭建区域生成网络。区域生成网络包括一组级联的卷积层处理特征图,设置了两组并行的卷积输出层作为分类器和回归器。区域生成网络使用滑动窗口的形式处理输入图像特征。如图 2-17 所示,在输入特征图的每个位置上,区域生成网络预设了一组锚参考框(anchor box)。假设,锚参考框的数量为 k,区域生成网络的分类器拥有 $2k$ 组通道,用于预测每个锚参考框属于前景和背景的置信度;回归器拥有 $4k$ 组通道,用于预测每个锚参考框和目标框之间的空间位移信息。

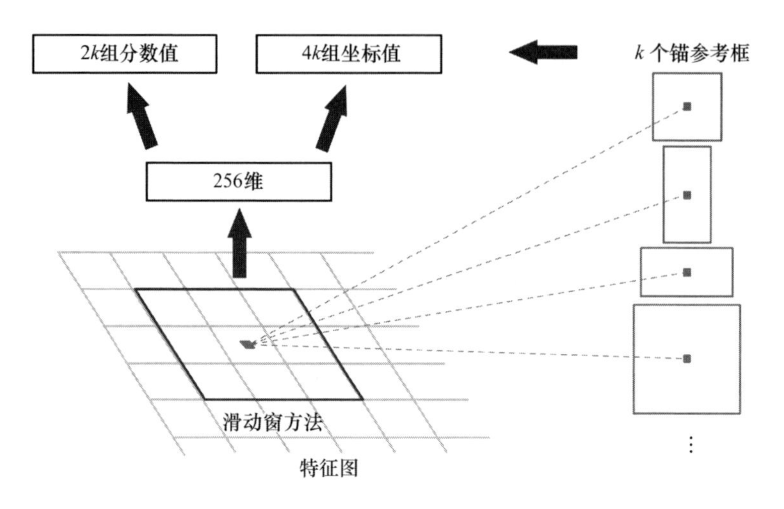

图 2-17　Faster R-CNN 模型的锚参考框

区域生成网络的损失函数表示为

$$L(\{p_i\},\{t_i\}) = \frac{1}{N_{\mathrm{cls}}}\sum_i L_{\mathrm{cls}}(p_i,p_i^*) + \lambda \frac{1}{N_{\mathrm{reg}}}\sum_i p_i^* L_{\mathrm{reg}}(t_i,t_i^*) \tag{2.24}$$

其中，函数 L_{cls} 和 L_{reg} 分别表示目标分类损失和目标定位损失，变量 i 表示锚参考框的索引，p_i 表示模型对第 i 个锚参考框的分类置信度，p_i^* 表示数据集中第 i 个锚参考框的类别真值，t_i 和 t_i^* 分别表示锚参考框的回归预测值和回归真值，计算公式表示为

$$\begin{cases} t_{\mathrm{x}} = \dfrac{(x-x_{\mathrm{a}})}{w_{\mathrm{a}}} \\ t_{\mathrm{y}} = \dfrac{(y-y_{\mathrm{a}})}{h_{\mathrm{a}}} \end{cases} \tag{2.25}$$

$$\begin{cases} t_{\mathrm{w}} = \log \dfrac{w}{w_{\mathrm{a}}} \\ t_{\mathrm{h}} = \log \dfrac{h}{h_{\mathrm{a}}} \end{cases} \tag{2.26}$$

$$\begin{cases} t_{\mathrm{x}}^* = \dfrac{(x^*-x_{\mathrm{a}})}{w_{\mathrm{a}}} \\ t_{\mathrm{y}}^* = \dfrac{(y^*-y_{\mathrm{a}})}{h_{\mathrm{a}}} \end{cases} \tag{2.27}$$

$$\begin{cases} t_{\mathrm{w}}^* = \log \dfrac{w^*}{w_{\mathrm{a}}} \\ t_{\mathrm{h}}^* = \log \dfrac{h^*}{h_{\mathrm{a}}} \end{cases} \tag{2.28}$$

其中，(x^*, y^*) 和 (w^*, h^*) 分别表示目标真值框的中心点坐标和尺寸。(x, y) 和

(w,h)分别表示感兴趣区域框的中心点坐标和尺寸。

Faster R-CNN 模型具有简洁且有效的模型结构。区域生成网络和检测探头网络同时使用主干网络的特征图,不引入额外的推理流程。Faster R-CNN 模型使用 4 步轮换训练方法:第一步,Faster R-CNN 模型首先使用 ImageNet 数据集对主干网络进行预训练,然后对主干网络和区域生成网络进行前景目标提取任务的端到端训练;第二步,Faster R-CNN 模型使用区域生成网络提取一组感兴趣区域,然后使用预训练模型重新初始化网络,并对主干网络和检测探头网络进行目标检测任务的端到端训练;第三步,网络重新初始化区域生成网络,然后冻结主干网络的权重并对区域生成网络进行前景目标提取任务的微调训练;第四步,模型使用区域生成网络提取一组感兴趣区域,对检测探头网络进行目标检测任务的微调训练。

4. Mask R-CNN 模型

Mask R-CNN 模型基于 Faster R-CNN 模型进行了探头网络和特征提取方法等方面的改进,在目标检测和实例分割等任务取得了优异的性能。Mask R-CNN 模型提出了感兴趣区域对齐方法取代感兴趣区域池化方法,有效地解决了特征提取不对齐的问题。感兴趣区域池化方法使用了量化操作对感兴趣区域的每个采样点的坐标进行处理,用于提取局部特征值。量化操作导致提取的特征和感兴趣区域是不对齐的。感兴趣区域对齐方法不使用量化操作处理感兴趣区域的采样点坐标,而使用双线性插值操作计算每个采样点的特征值。感兴趣区域对齐方法提取的局部特征和感兴趣区域是对齐的。针对实例分割任务,Mask R-CNN 模型增加了一组全卷积结构的分割探头网络。分割探头网络和检测探头网络并行处理感兴趣区域,生成目标的检测框和分割掩膜。

2.2.2 单阶段目标检测算法

1. SSD 模型

SSD(Single Shot Multi-Box Detector,单阶段多目标检测)模型使用单阶段的目标检测网络,不依赖区域生成方法和感兴趣区域池化方法。相比基于区域提取的模型,SSD 模型具有较快的推理速度和具有竞争力的检测精度。SSD 模型使用统一的全卷积神经网络结构进行特征提取和目标检测,不需要引入复杂的运算操作。并且,SSD 模型使用一组默认参考框对预测空间进行离散化,将多尺度目标分配到不同预测区间,有效地提高了模型对不同尺度目标的检测性能。

SSD 模型使用一组卷积神经网络处理输入图像,预测一组目标检测框和置信度分数,最后经过非极大值抑制操作进行后处理。如图 2-18 所示,模型使用 VGG

网络作为主干网络提取特征图,并送入多组卷积层。新增的卷积层具有不同的输入特征尺寸和输出特征尺寸,每个卷积层用于处理不同尺度的目标。模型在特征图的每个位置上设置了多个形状的参考框。SSD模型的损失函数使用多任务学习的联合损失函数,表示为

$$L(x,c,l,g)=\frac{1}{N}(L_{\text{conf}}(x,c)+\alpha L_{\text{loc}}(x,l,g)) \tag{2.29}$$

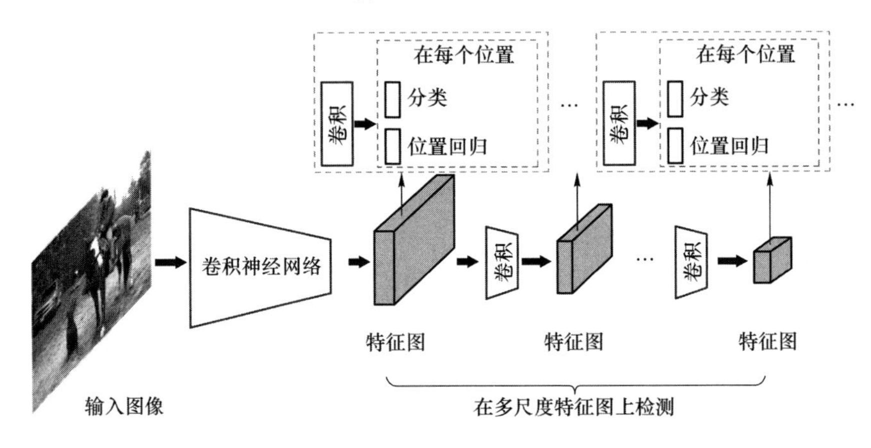

图 2-18　SSD模型的结构示意图

其中,x 和 c 分别表示模型预测的类别置信度和目标真值类别,l 和 g 分别表示模型预测的目标检测框和目标真值框。假设,i 和 j 分别代表参考框和目标真值的索引,x_{ij}^{k} 表示参考框和目标真值的匹配关系。定位损失函数 $L_{\text{loc}}(x,l,g)$ 表示为

$$L_{\text{loc}}(x,l,g)=\sum_{i\in \text{Pos}}^{N}\sum_{m\in\{\text{cx},\text{cy},w,h\}}x_{ij}^{k}\cdot \text{smooth}_{L1}(l_i^m-\hat{g}_j^m) \tag{2.30}$$

$$\hat{g}_j^{\text{cx}}=\frac{(g_j^{\text{cx}}-d_i^{\text{cx}})}{d_i^w},\ \hat{g}_j^{\text{cy}}=\frac{(g_j^{\text{cy}}-d_i^{\text{cy}})}{d_i^h} \tag{2.31}$$

$$\hat{g}_j^w=\log\frac{g_j^w}{d_i^w},\ \hat{g}_j^h=\log\frac{g_j^h}{d_j^h} \tag{2.32}$$

其中,标识符(cx,cy)和(w,h)分别表示目标框的中心点和尺寸。分类损失函数表示为

$$L_{\text{conf}}(x,c)=-\sum_{i\in \text{Pos}}^{N}x_{ij}^{p}\cdot\log\hat{c}_i^p-\sum_{i\in \text{Neg}}\log\hat{c}_i^0 \tag{2.33}$$

$$\hat{c}_i^p=\frac{e^{c_i^p}}{\sum_p e^{c_i^p}} \tag{2.34}$$

卷积神经网络顶层的特征图具有较小的尺寸和较大的感受野,SSD模型在顶层使用了尺寸较大的参考框用于匹配大尺寸的目标。卷积神经网络底层的特征图具有较大的尺寸,适合检测体积小和分布密集的小目标,因此设置了小尺寸的参考框。

2. RetinaNet 模型

RetinaNet 模型使用特征金字塔网络构建单阶段目标检测器，使用集中损失函数解决训练样本不平衡问题，更好地实现了推理速度和检测精度之间的平衡。研究工作指出，单阶段目标检测器对输入图像设置密集排列的参考框用于匹配不同形状和尺寸的目标。在模型的训练过程中，易分类的背景样本在优化过程中起主要作用，影响了目标检测网络对前景目标建模的能力。RetinaNet 模型提出集中损失函数(focal loss)解决样本不平衡问题。损失函数在训练过程中，自动降低简单样本对模型优化的贡献。

RetinaNet 模型首先使用主干网络提取输入图像的特征图；然后使用特征金字塔网络生成一组多尺度特征图，如图 2-19 所示；最后，模型使用两个分支网络分别处理多尺度特征图，进行目标分类和目标定位。RetinaNet 模型使用深度残差网络作为主干网络，将深度残差网络的区块二到区块五的最后一层特征送入特征金字塔网络。特征金字塔网络包括多组侧向信息连接和自上而下的信息连接。其中，侧向信息连接使用了 1×1 卷积层对主干网络特征进行特征空间映射，然后使用上采样操作加大了特征图的尺寸，最后，自上而下的信息连接将卷积神经网络的顶层特征传递到模型的底层特征，使特征金字塔网络的每一层具有目标检测所需的语义信息。RetinaNet 模型使用集中损失函数(focal loss)代替交叉熵损失函数，数学公式表示为

$$\mathrm{FL}(p_t)=-\alpha_t\cdot(1-p_t)^{\gamma}\cdot\log p_t \tag{2.35}$$

$$p_t=\begin{cases}p, & y=1\\ 1-p, & 其他\end{cases} \tag{2.36}$$

其中，p 表示模型预测的类别置信度。超参数 α_t 和因式 $(1-p_t)^{\gamma}$ 控制正样本和负样本在损失函数中的贡献比例。超参数 γ 控制困难样本和简单样本在损失函数中的贡献比例。实验结果证明，和困难样本挖掘和正负样本筛选相比，集中损失函数可有更有效地解决单阶段模型中样本不平衡的问题；RetinaNet 模型实现了较好的检测精度，同时具有极快的推理速度。

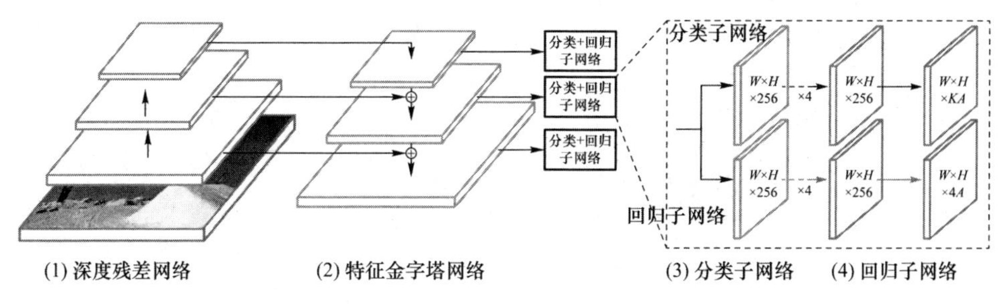

图 2-19 RetinaNet 模型示意图

2.3 典型目标跟踪算法

2.3.1 视觉单目标跟踪算法

视觉单目标跟踪算法经过几十年的发展,从早期的 Meanshift、粒子滤波、KLT 等方法,到后来经典的 TLD、压缩跟踪、Struck 等跟踪算法,再到近年主流的基于判别式相关滤波和基于深度学习的跟踪算法,视觉单目标跟踪算法的性能不断提升。本节将主要介绍基于判别式相关滤波的视觉单目标跟踪算法和基于孪生网络的视觉单目标跟踪算法。其中,基于孪生网络的视觉单目标跟踪算法是目前在跟踪领域主流的基于深度学习的视觉单目标跟踪算法。

1. 基于判别式相关滤波的视觉单目标跟踪算法

在基于判别式相关滤波的单目标跟踪算法流行之前,主流的判别式单目标跟踪算法采用的方式是在目标周围进行候选目标采样以得到多个不同的候选目标,再使用一些分类器,如随机森林、SVM 等,对候选目标进行分类,和目标相似度最高的候选目标便为跟踪算法预测的目标。这种算法需要进行随机采样如图 2-20(a)所示,比较耗时且难以得到比较准确的目标位置。因此,一种直观的想法是使用密集采样的方法,即逐像素的移动采样窗进行候选目标采样,如图 2-20(b)所示。这种算法能够得到更加贴紧真实目标的候选框,但是进行处理时更加耗时。而基于判别式相关滤波的视觉单目标跟踪算法可以解决这个问题,在密集采样的同时具有实时的处理速度。因此,基于判别式相关滤波的单目标跟踪算法在近年来成为单目标跟踪领域的一种主流方法。

(a) 随机采样

(b) 密集采样

彩图 2-20

图 2-20 随机采样与密集采样

基于判别式相关滤波的单目标跟踪算法使用脊回归来学习目标的判别式相关滤波器。如图 2-21 所示，基于判别式相关滤波类的单目标跟踪算法以目标的位置为中心，以目标的长宽为基数进行扩展，获取包含目标周围背景信息的图像块作为输入。再使用人工设计的特征方法或者深度卷积神经网络自动提取特征的方法提取目标的空间特征，然后寻找一个函数 $f(\boldsymbol{z})=\boldsymbol{w}^{\mathrm{T}}\boldsymbol{z}$ 来最小化样本特征 x_i 的相关滤波响应图和期望的响应图 y_i 的平方误差，如下所示：

$$\min_{w}\sum_{i}(f(x_i)-y_i)^2+\lambda\ \|\boldsymbol{w}\|^2 \tag{2.37}$$

其中，λ 是正则化参数，用于减轻过拟合，$\boldsymbol{w}$ 是判别式相关滤波器的参数。通过求导，式(2.37)的闭式解为

$$\boldsymbol{w}=(\boldsymbol{X}^{\mathrm{H}}\boldsymbol{X}+\lambda\boldsymbol{I})^{-1}\boldsymbol{X}^{\mathrm{H}}\boldsymbol{y} \tag{2.38}$$

其中，矩阵 $\boldsymbol{X}$ 的每一行都有一个样本 x_i，$\boldsymbol{I}$ 是单位矩阵，$\boldsymbol{H}$ 表示 Hermitian 转置矩阵。

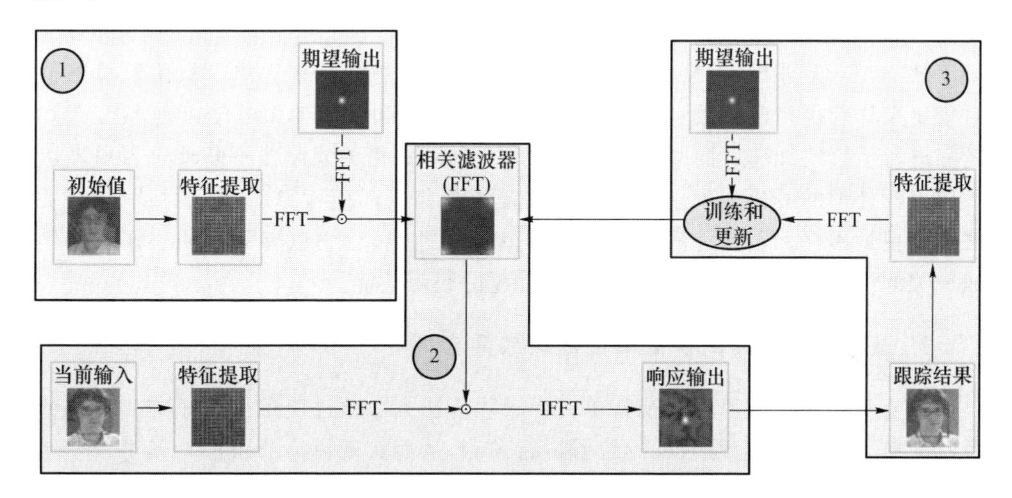

图 2-21 基于判别式相关滤波的单目标跟踪算法的整体框架

式(2.38)涉及矩阵的相乘和求逆，计算量大。判别式相关滤波器结合循环矩阵以及快速傅里叶变换，可以大大简化式(2.38)的计算，其形式为

$$\hat{\boldsymbol{w}}=\frac{\hat{\boldsymbol{x}}^{*}\odot\hat{\boldsymbol{y}}}{\hat{\boldsymbol{x}}^{*}\odot\hat{\boldsymbol{x}}+\lambda} \tag{2.39}$$

其中，符号 ^ 代表离散傅里叶变换，符号 * 代表复共轭，操作⊙代表 Hadamard 相乘(也就是矩阵的点乘)。通过式(2.37)～(2.39)，可以求出目标对应的判别式相关滤波器，这对应图 2-21 中的①部分。

同时，在跟踪过程中，需要不断地更新目标的判别式相关滤波器以适应目标外形的变化，从而能够持续地跟踪到目标，其更新公式为

$$
\begin{aligned}
A_t &= (1-\mu)A_{t-1} + \mu \hat{\boldsymbol{x}}^* \odot \hat{\boldsymbol{y}} \\
B_t &= (1-\mu)B_{t-1} + \mu \hat{\boldsymbol{x}}^* \odot \hat{\boldsymbol{x}} \\
\hat{\boldsymbol{w}} &= \frac{A_t}{B_t + \lambda}
\end{aligned} \tag{2.40}
$$

其中 $A=\hat{\boldsymbol{x}}^* \odot \hat{\boldsymbol{y}}$，$B=\hat{\boldsymbol{x}}^* \odot \hat{\boldsymbol{x}}$。其对应图 2-21 中的②部分。

通过式(2.37)～(2.40)，当学习到目标的相关滤波器后，对于任意的输入图像，可以根据上一帧目标的位置和长宽提取待搜索区域并对其进行特征提取，得到其对应的空间特征 $\boldsymbol{z}$，再根据式(2.41)计算判别式相关滤波器对空间特征 $\boldsymbol{z}$ 的相关响应，得到相关响应图。

$$
r = \mathscr{F}^{-1}(\hat{\boldsymbol{w}} \odot \hat{\boldsymbol{z}}^*) \tag{2.41}
$$

其中，$\mathscr{F}^{-1}$ 代表逆傅里叶变换。这对应图中的③部分。

从式(2.38)和式(2.39)的比较可以看出，通过循环矩阵和快速傅里叶变换的处理，判别式相关滤波器可以将矩阵的相乘转化成傅里叶域的矩阵点乘，其计算复杂度从 N^2 降低到 $N\log N$。因此，基于判别式相关滤波的视觉单目标跟踪算法通过密集采样获得精确的候选目标，再通过循环矩阵和快速傅里叶变换对整个跟踪过程进行运算的加速。同时，在跟踪过程中，判别式相关滤波器不断地进行更新以适应目标外形的变化。基于上述目标位置预测和目标模板更新，基于判别式相关滤波的视觉单目标跟踪算法获得了较好的更新性能，后续也有大量的工作对判别式相关滤波方法进行创新，获得了更加优越的跟踪性能。

2. 基于孪生网络的视觉单目标跟踪算法

基于判别式相关滤波的视觉单目标跟踪算法方法通过使用循环矩阵和快速傅里叶变换，可以快速地对目标的位置进行预测，从而实现目标的跟踪。其可以使用传统人工设计的各种空间特征，如 HOG 特征、颜色特征等，也可以使用卷积神经网络提取的目标空间卷积特征进行相关滤波。那么，很直接的想法是能否使用卷积神经网络直接地实现端到端的视觉单目标跟踪。目前，较多的工作关注于使用卷积神经网络实现端到端的视觉单目标跟踪，而主流的方法是基于孪生网络的视觉单目标跟踪方法。本节将介绍两个经典的基于孪生网络的视觉单目标跟踪算法。

孪生网络通常有两个输入，两个输入分别输入两个同样结构的神经网络。同时，这两个神经网络共享参数，因此称为孪生网络。孪生网络通常用来对两个输入进行相似度度量，其在句子语意相似度度量以及行人重识别等领域应用广泛。而在基于孪生网络的视觉单目标跟踪算法中，研究人员通常使用孪生卷积神经网络对目标模板区域和待搜索区域进行特征提取，使得目标区域的空间卷积特征和待搜索区域的空间卷积特征具有相同的分布，为后续的目标位置的预测提供更加适合的空间特征。

如图 2-22 所示,GOTURN 算法是一种经典的基于孪生网络的视觉单目标跟踪算法。首先,假设需要在第 k 帧图像中预测目标的位置从而进行目标跟踪,此时,已知目标在第 $k-1$ 帧图像中目标的位置坐标为(x_1, y_1, x_2, y_2),其中(x_1, y_1)为目标的左上角坐标,(x_2, y_2)为目标的右下角坐标、GOTURN 算法首先根据第 $k-1$帧图像中目标的长宽,选取两倍目标长宽大小的区域作为目标模板区域输入孪生网络,以 AlexNet 的 5 层卷积层为主干的卷积神经网络作为孪生网络的网络结构对目标模板区域进行特征提取,然后在第 k 帧图像中选取同样区域的图像块作为待搜索区域,同样输入孪生网络中进行特征提取,并把提取到的目标模板区域的空间卷积特征和待搜索区域的空间卷积特征拉伸成一维向量进行全连接,最后回归出目标在第 k 帧图像中的左上角和右下角坐标。

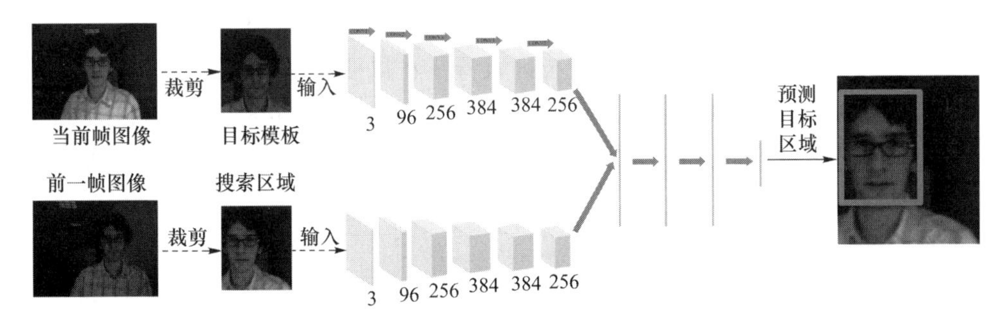

图 2-22 GOTURN 算法的基本框架

GOTURN 算法采用孪生网络提取目标模板区域和待搜索区域的空间特征,再使用全连接层连接上述空间特征从而对目标在当前帧的位置进行回归。该算法由于使用了全连接层,因此其在目标位置回归时丧失了目标特征的空间特性,影响预测目标位置的准确性,且全连接层参数多、计算量大,导致跟踪速度下降。因此,Bertinetto 提出了另一种经典的基于孪生网络的视觉单目标跟踪算法——SiamFC 算法。SiamFC 算法的基本框架如图 2-23 所示。

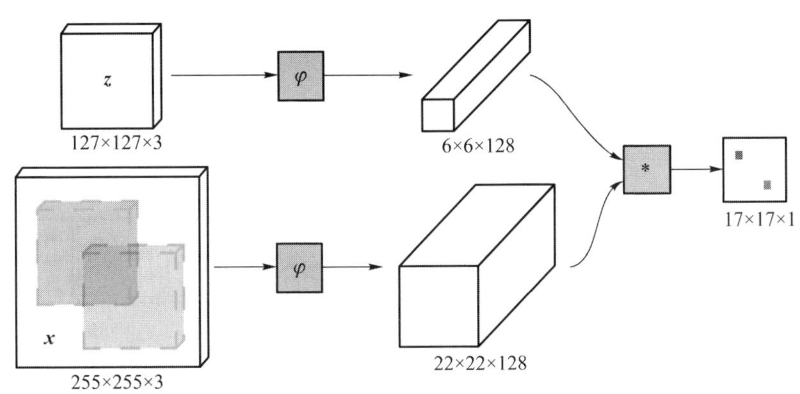

图 2-23 SiamFC 算法的基本框架

不同于 GOTURN 算法直接选取目标长宽的两倍区域作为目标模板区域和跟踪待搜索区域，SiamFC 算法使用式(2.42)自动选取目标模板区域和待搜索区域的宽高。其中，w 为目标的宽，h 为目标的高，$p=\frac{(w+h)}{4}$，s 为目标模板区域和待搜索区域宽高相较于目标宽高的倍数，A 为目标模板区域和待搜索区域输入卷积神经网络时固定的边长。对于目标模板区域，$A=127$；对于待搜索区域，$A=255$。

$$s(w+2p)\times s(h+2p)=A^2 \tag{2.42}$$

如图 2-23 所示，SiamFC 算法同样使用 Alexnet 的 5 层卷积层提取目标模板区域和待搜索区域的空间特征。不同于 GOTURN 算法直接使用全连接层回归目标的位置坐标，SiamFC 算法使用目标模板特征和待搜索区域特征进行相关，得到一个相关响应图，其中响应最大的位置即目标在当前帧的中心点位置。

由于 SiamFC 算法使用目标模板区域特征在待搜索区域特征上进行相关操作，其本质上是将待搜索区域中和目标模板最相似的区域作为预测的目标位置。SiamFC 算法保持了目标的空间特征，相较于 GOTURN 算法能够得到更加准确和鲁棒的跟踪。

2.3.2 视觉多目标跟踪算法

视觉多目标跟踪算法根据数据关联算法的优化过程，可以分为概率统计最大化的视觉多目标跟踪算法和确定性推导的视觉多目标跟踪算法，其具体的关系如图 2-24 所示。本章主要关注于确定性推导的视觉多目标跟踪算法中的基于机器学习的在线视觉多目标跟踪算法和基于二分图匹配的在线视觉多目标跟踪算法，本节也将介绍这两类在线视觉多目标跟踪算法。

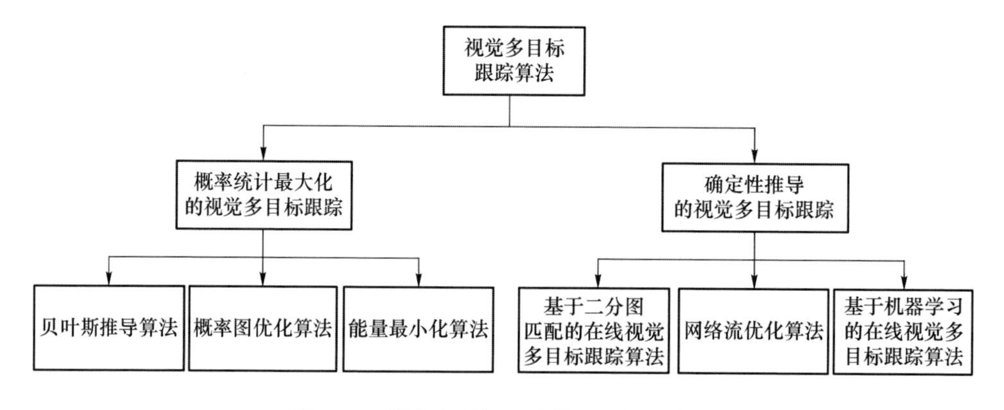

图 2-24 视觉多目标跟踪算法的主要类别

1. 基于机器学习的在线视觉多目标跟踪算法

基于机器学习的在线视觉多目标跟踪算法使用机器学习算法进行检测框之间的数据关联，其中比较经典的算法是基于马尔可夫决策的在线视觉多目标跟踪算法，即 MDP 算法，该算法的整体框架如图 2-25 所示。

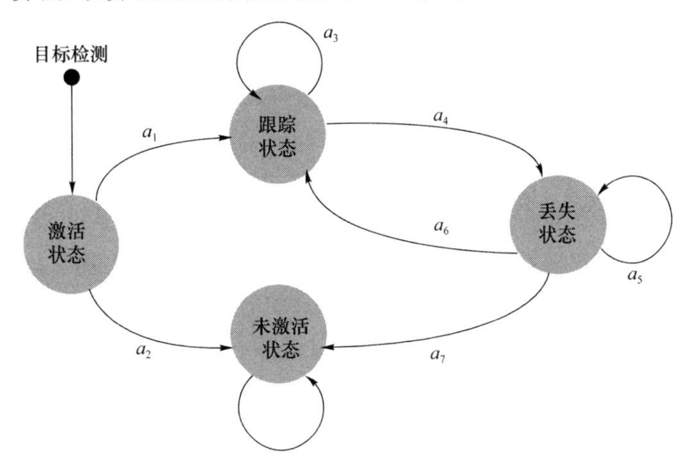

图 2-25 MDP 算法的基本框架

MDP 算法首先使用马尔可夫决策过程对目标的整个跟踪过程进行建模，具体为对目标所处的跟踪状态进行建模。MDP 算法首先把目标所处的跟踪过程分为 4 个状态，即激活状态（active state）、跟踪状态（tracked state）、丢失状态（lost state）和未激活状态（inactive state），然后使用马尔可夫决策过程对目标的跟踪状态进行建模，把目标的跟踪过程建模成状态转移的过程，具体为以下 3 个状态转移过程。

① 从激活状态到跟踪状态或者未激活状态：判断新出现的目标是真实目标还是虚警，如果是真实的目标则进入跟踪状态，否则进入未激活状态。

② 从跟踪状态转移到跟踪状态或者丢失状态：判断目标是否持续被跟踪，如果目标持续处于跟踪状态则继续进入跟踪状态，否则进入丢失状态。

③ 从丢失状态到跟踪状态或者未激活状态：判断丢失的目标是否重新关联到检测框，或者由于丢失时间过长被终止。

对于上述 3 个状态转移过程，MDP 算法设计了 3 个奖励函数以对上述决策过程进行建模。

对于第一个状态转移过程，其奖励函数为

$$R_{\text{Active}}(s,a)=y(a)(\boldsymbol{w}_{\text{Active}}^{\text{T}}\boldsymbol{\phi}_{\text{Active}}(s)+b_{\text{Active}}) \tag{2.43}$$

其中，$\boldsymbol{\phi}_{\text{Active}}(s)$ 为决策的特征向量，$(\boldsymbol{w}_{\text{Active}},b_{\text{Active}})$ 为 SVM 的参数。当 $a=a_1$ 时，$y(a)=+1$；当 $a=a_2$ 时，$y(a)=-1$。

对于第二个状态转移过程，其奖励函数为

$$R_{\text{Tracked}}(s,a)=\begin{cases} y(a), & e_{\text{medFB}}<e_0,\ o_{\text{mean}}>o_0 \\ -y(a), & \text{其他} \end{cases} \tag{2.44}$$

其中，e_0 和 o_0 是人工指定的阈值。当 $a=a_3$ 时，$y(a)=+1$；当 $a=a_4$ 时，$y(a)=-1$，e_{medFB}是目标和检测框的前后光流差，o_{mean}是使用光流法预计目标的位置和检测框的重叠率。

对于第三个状态转移过程，其奖励函数为

$$R_{\text{Lost}}(s,a)=y(a)\left(\max_{k=1}^{M}(\boldsymbol{w}^{\text{T}}\boldsymbol{\phi}(t,d_k)+b)\right) \tag{2.45}$$

其中，t 表示一个丢失的目标，d_k 为所有未关联到目标的检测框，$(\boldsymbol{w},b)$为 SVM 的参数，$\boldsymbol{\phi}(t,d_k)$为决策的特征向量。当 $a=a_6$ 时，$y(a)=+1$；当 $a=a_5$ 时，$y(a)=-1$。

为了学习式(2.43)和式(2.45)中的参数，MDP 算法在训练集上进行训练，训练好后便得到奖励函数。因此，可以使用这些奖励函数在测试集上进行测试。MDP 算法使用机器学习算法——SVM 进行目标和检测框之间的数据关联，而且目标和检测框之间的关联是确定的，这也是 MDP 算法被称为基于机器学习的确定性推导的在线视觉多目标跟踪算法的原因。

2. 基于二分图匹配的在线视觉多目标跟踪算法

相较于基于机器学习的在线视觉多目标跟踪算法使用机器学习的方法进行数据关联，基于二分图匹配的在线视觉多目标跟踪算法使用二分图匹配算法进行数据关联。本章将介绍一种经典的基于二分图匹配的在线视觉多目标跟踪算法，即 Deepsort 算法。Deepsort 算法使用目标的运动信息和空间特征构建代价矩阵，再使用匈牙利算法进行二分图匹配，得到待跟踪视频中前、后帧图像中检测边界框的关联关系，从而得到目标的运动轨迹。

对于任意待跟踪的目标 i，Deepsort 算法先使用卡尔曼滤波器构建目标的运动模型，再使用目标的运动模型预测其在当前帧的中心点位置、纵横比和高度，记为 $y_i=(u_i,v_i,r_i,h_i)$，其中 u_i,v_i,r_i,h_i 分别表示目标预测边界框的中心点位置坐标、纵横比和高度。最后，Deepsort 算法使用马氏距离来计算目标的预测目标位置和任一检测框 j 位置的距离，如下所示：

$$d^{(1)}(i,j)=(\boldsymbol{d}_j-\boldsymbol{y}_i)^{\text{T}}\boldsymbol{S}_i^{-1}(\boldsymbol{d}_j-\boldsymbol{y}_i) \tag{2.46}$$

式(2.46)表示了目标 i 的轨迹和第 i 个检测框之间的运动匹配度，其中 $\boldsymbol{S}_i$ 为卡尔曼滤波器在当前时刻的协方差矩阵，在这里，$\boldsymbol{S}_i^{-1}$ 是用来构造卡方分布。因此，算法可以使用卡方分布的双侧概率值 95%对应的临界值作为衡量轨迹与检测框之间的运动匹配度的阈值，即定义一个指示函数：

$$b_{i,j}^{(1)}=1\left[d^{(1)}(i,j)\leqslant t^{(1)}\right] \tag{2.47}$$

其中 $t^{(1)}=9.4877$，其为 4 个自由度的卡方分布双侧概率值 95%对应的临界值。

式(2.47)中的 $b_{i,j}^{(1)}$ 衡量了目标轨迹在时序上的连续性，但是其只使用了目标在时序上的运动信息，忽略了目标的表观模型在跟踪中的作用。在目标突然加速运动或者相机发生运动时，只凭借式(2.47)进行跟踪效果会很差。因此，Deepsort 算法引入第二个度量。对于任一检测框 d_j，Deepsort 算法使用经过行人重识别数据集上训练的卷积神经网络提取其空间卷积特征 $\boldsymbol{r}_j$，且 $\|\boldsymbol{r}_j\|=1$，然后再保持一个特征库 $\mathcal{R}_i=\{\boldsymbol{r}_k^{(i)}\}_{k=1}^{L_k}$，其中 $L_k=100$，i 表示第 i 个目标，$\boldsymbol{r}_k^{(i)}$ 为第 i 个目标已确定轨迹的特征，因此可通过式(2.48)定义目标轨迹和检测框的表观相似性，公式定义如下：

$$d^{(2)}(i,j)=\min\{1-\boldsymbol{r}_j^{\mathrm{T}}\boldsymbol{r}_k^{(i)}\mid\boldsymbol{r}_k^{(i)}\in\mathcal{R}_i\} \tag{2.48}$$

同理，对于表观模型的相似度度量，算法建立了一个二值化的函数来度量关联的可靠性，其定义如下：

$$b_{i,j}^{(2)}=1[d^{(2)}(i,j)\leqslant t^{(2)}] \tag{2.49}$$

算法在一个额外的训练集上确定了阈值 $t^{(2)}$ 的具体值。式(2.46)度量了目标运动轨迹的平滑性而式(2.48)度量了目标和候选框的外观相似性。因此，结合上述两个度量可以利用时序信息和空间特征进行信息互补，从而提升视觉多目标跟踪算法的准确性和鲁棒性。结合上述两个度量的公式定义为

$$c_{i,j}=\lambda d^{(1)}(i,j)+(1-\lambda)d^{(2)}(i,j) \tag{2.50}$$

通过式(2.50)可以构造目标和检测边界框之间的数据关联代价矩阵，再通过匈牙利算法便可以得到目标轨迹和检测边界框的最优关联，从而获得视觉多目标跟踪算法的结果。匈牙利算法的伪代码定义如算法 2-3 所示。

通过使用目标轨迹的运动信息和目标的表观模型，Deepsort 算法构造了目标轨迹和检测边界框的代价矩阵，再通过经典的二分图匹配算法——匈牙利算法，对目标轨迹和检测边界框进行数据关联，得到目标轨迹和检测边界框之间的最优关联。由于目标轨迹和检测边界框之间的关联关系是确定的且其只使用当前跟踪帧以及之前帧图像中的目标信息，也没有改变之前目标已确定的轨迹。因此，Deepsort 算法是一种基于二分图匹配的确定性推导的在线视觉多目标跟踪算法。

算法 2-3　匈牙利算法

初始化：构造一个 $n\times m$ 矩阵，矩阵的每一个值代表一个目标轨迹(共 n 个目标轨迹)和一个检测框(共 m 个检测框)之间进行关联的代价。根据情况旋转矩阵使得列的维数要大于或等于行的维数，同时使 $k=\min(n,m)$

步骤：

1. 对于矩阵的每一行，找到最小的元素并让该行的所有元素都减去这个值，然后转到步骤 2
2. 找到代价矩阵中元素为 0 的位置，如果值为 0 的位置的同一行或者同一列没有其他位置的元素值为 0，则将其标记为 0^*，然后转到步骤 3

3. 覆盖带有 0^* 的每一列，如果 k 列被覆盖，则算法完成，转到步骤 7，否则转到步骤 4
4. 找到一个没有被覆盖的 0 并将其标记为 $0'$，如果含有 $0'$ 的行没有 0^*，则转到步骤 5。否则，覆盖这一行并且对含有 0^* 的列解除覆盖，不停地继续这种方式直到所有值为 0 的位置都被覆盖。保存未被覆盖的最小值并转到步骤 6
5. 构造如下的一系列可选的 0^* 和 $0'$。Z_0 表示在步骤 4 发现的未被覆盖的 $0'$，Z_1 表示和 Z_0 所在列中的 0^*，Z_2 表示和 Z_1 所在列中的 $0'$，不停地循环上述过程直到上述 $0'$ 所在的列没有 0^*，然后将所有 0^* 的 * 去掉，将 $0'$ 标记为 0^*，去掉代价矩阵中所有覆盖的线，回到步骤 3
6. 将步骤 4 中保存的值加到覆盖行的每一个元素上，再让未覆盖的每一列的元素减去这个值，然后在不改变任意 0^*、$0'$ 和覆盖线的情况下回到步骤 4
7. 代价矩阵中的 0^* 位置表明了最佳的分配。即如果 $C(i,j)=0^*$，则行 i 对应的目标轨迹（或检测框）的最优关联便是行 j 对应的检测框（或目标轨迹）

2.4 本章小结

本章主要介绍了基于视觉信息的目标检测与跟踪的基础理论。首先，本章介绍了卷积神经网络的基本组成单元；其次，本章介绍了几种典型的卷积神经网络，包括 AlexNet、VGG、ResNet 等；再次，本章进一步阐述了卷积神经网络的训练和推理方法、正则化策略；最后，本章介绍了几种典型的视觉目标检测算法和视觉目标跟踪算法，包括 R-CNN、Fast R-CNN、Faster R-CNN、GOTURN、SiamFC、Deepsort 等。本章是本书后续章节的基础。

第3章

基于视觉信息的目标检测与跟踪数据集与评测指标

本章主要介绍基于视觉信息的目标检测与跟踪领域常用的数据集与评测指标。数据、算力和算法是人工智能的三大核心要素，其中数据也被称为人工智能的“燃料”。缺乏合适的数据集就无法展开相应的研究工作，大规模的数据集有助于研究者开发更高级的模型来不断提升算法的精度。而评测指标是评估算法性能的标准。在公开、共享的数据集采用普遍认可的评测指标对算法模型进行评估，可以验证研究的效果，有利于将研究成果应用到实际环境中去。

3.1 目标检测典型数据集

从应用的角度看，常用的目标检测数据集可以分为通用目标检测数据集和专用目标检测数据集。前者主要服务于统一框架下不同类型物体的检测方法研究，常用的数据集包括 PASCAL VOC、MS-COCO、Open Images 等；后者主要服务于特定应用场景下的目标检测，如行人检测、人脸检测、文本检测等，常用数据集包括 INRIA Person Dataset、ICDAR、WiderFace、DOTA 等。在本书中，为了验证算法的有效性，主要使用的数据集为 PASCAL VOC、MS-COCO 和 DOTA。

1. PASCAL VOC

PASCAL VOC 是计算机视觉领域使用很广泛的数据集之一，它可以应用于多种计算机视觉任务，包括图像分类、目标检测、语义分割和动作检测等。在目标检测任务中，VOC07 和 VOC12 是最常用的两个数据版本。VOC07 包含约 5 000 个训练图像，共计12 000个目标标注，VOC12 包含约 11 000 个图像，共计 27 000 个目标标注。数据集包含 20 个日常生活中常见的物体类别，被广泛应用于自然场景物体识别与目标检测任务中。数据集中图像大小并不固定，宽高在 150 像素到 500 像素之间。在公布了对应标注信息的训练集与测试集中，单幅图像上最少包含 1 个待检测物体，最多包含 56 个物体。图 3-1 展示了 PASCAL VOC 数据集中各类别样本示例。

图 3-1　PASCAL VOC 数据集样本示例

2. ILSVRC

ILSVRC(The ImageNet Large Scale Visual Recognition Challenge)比赛在 2010—2017 年间每年举办一次，比赛设置了目标检测赛道。ILSVRC 包含 200 个类别的目标。和 PASCAL VOC 相比，ILSVRC 包含的数据量有了大规模提高。例如，2014 年的比赛中发布的目标检测数据集包含约 517 000 幅图像，共计 534 000 个目标标注。图 3-2 展示了 ILSVRC 数据集中的部分图像。

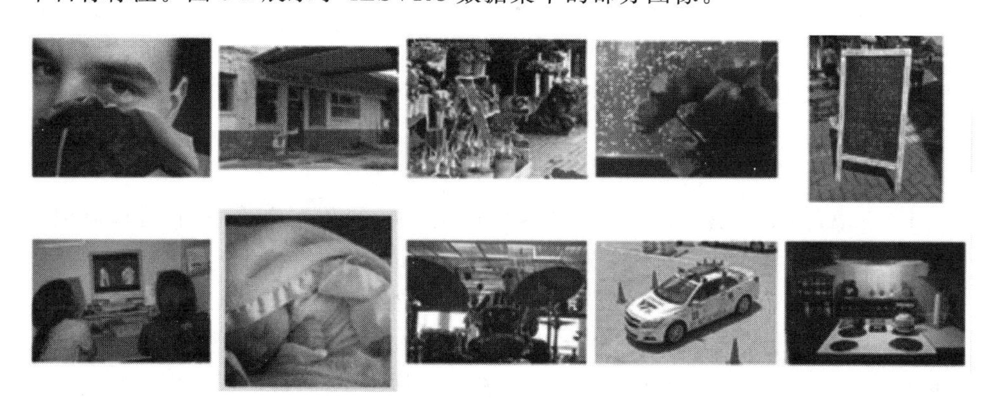

图 3-2 ILSVRC 数据集样本示例

3. MS-COCO

MS-COCO 是当前很有挑战性的目标检测数据集之一。和 ILSVRC 中的目标检测数据集相比,MS-COCO 包含的目标类型相对偏少,但是目标的数量更多。以 MS-COCO 2017 为例,包含 80 类目标,共计约 164 000 幅图像和 897 000 个目标标注。为了能够提供更为准确的评估信息,MS-COCO 还为部分目标提供了像素级的标注信息。MS-COCO 中的图像大小为 640 像素×480 像素。与之前的自然图像数据集相比,MS-COCO 具有以下几个特点。

(1) 包含物体的尺度范围极广,其中具有大量的小尺度目标(MS-COCO 中将小尺度物体定义为目标大小小于图像面积 1%的物体),在 MS-COCO 中约有一半的物体实例面积小于图像面积的 1%。

(2) 数据集中同类目标表观具有多样性,目标多处于杂乱的背景中,部分目标还存在严重的遮挡情况。

4. Open Images

谷歌在 2016 年推出大规模图像数据集 Open Images,该数据集包含包括大约 900 万幅图片,标注了数千个图像类别。Open Images 除标注了标准的目标检测标签以外,还在部分图像中标注了目标之间的关系。该数据集自发布后有过几次更新,在最新的 Open Images V6 版本中,数据集对 600 类目标标注了共计约 6 000 000个标注框,对 350 类目标标注了约 2 800 000 个实例,对 1 466 种关系标注了3 300 000组样本。图 3-3 展示了 Open Images 数据集中的部分图像。

5. INRIA Person Dataset

INRIA Person Dataset 是一个知名的行人检测数据集。行人检测的任务是找出图像或视频帧中所有的行人,包括行人的位置和大小,一般用矩形框表示。行人检测在智能辅助驾驶、智能监控以及智能机器人等领域具有极其广泛的应用。INRIA Person Dataset 的图像采集自多个渠道,包括 Graz01 数据集、Google 检索和众包数据。该数据集的正样本为包含行人的图片(各种姿势和背景),正样本的图像尺寸为 96 像素×160 像素,行人标记为其中 64 像素×128 像素的窗口。负样本为不包含行人的图像。图 3-4 展示了 INRIA Person Dataset 数据集中的部分正样本和负样本。

图 3-3　Open Images 数据集样本示例

彩图 3-3

图 3-4　INRIA Person Dataset 数据集样本示例

6. CityPersons

CityPersons 是公开数据集 Cityscape 的一个子集,它只给出了行人的标注。

Cityscape 是一个用于城市街景语义分割任务的数据集，数据为大规模、多样化的立体视频数据。数据覆盖了德国和其周边国家的各个城市，共有 50 个，对其中约 5 000幅图像中 30 类语义对象做了像素实例级别的语义标注。CityPersons 就是基于这 5 000 幅图像制作的，对每一幅图像都用包围盒标注了行人。

7. WiderFace

WiderFace 是人脸检测领域中的一个代表性数据集。人脸检测任务是找出图像中所有人脸对应的位置，算法的输出包括图像中人脸外接矩形的坐标，可能还包括姿态(如倾斜角度)等信息。人脸检测在安防监控、人证比对、人机交互、社交等领域都有重要的应用价值。WiderFace 由香港中文大学-商汤科技联合实验室搜集、标注，并发布在 2016 年的计算机视觉顶级会议 CVPR 上。WiderFace 包括约 32 000幅图像共计约 394 000 个人脸。数据集在尺度、姿态、角度和背景等方面变化较大，给人脸检测带来了很大挑战。图 3-5 展示了 WiderFace 数据集的部分样本。

图 3-5 WiderFace 数据集样本示例

8. ICDAR

ICDAR 是一个专注于文本识别、基于视频的文本分析的国际性会议，自 2003

年开始，ICDAR 设立了和会议同名的竞赛，相关数据集也称为 ICDAR 数据集。从 ICDAR 2003 到现在，整理并发布了大量与 OCR 相关的数据集，涵盖了不同场景、不同形状、不同语种的各种数据集。以 ICDAR 2013 为例，该数据集包含聚焦场景文本的 229 个训练图像和 233 个测试图像。它继承了 ICDAR 2003 的大部分样本。数据采集自真实世界的图像，如显示标志牌、书籍、海报或其他物品上的文字。图像中的文字都是英文的且水平对齐，标注是轴对齐的边界框，共划分出 1 015 个裁剪的单词图像。ICDAR 2013 数据集被广泛用于测试文本探测器的性能，部分样本如图 3-6 所示。

图 3-6　ICDAR 2013 数据集样本示例

9. TT100K

TT100K 是清华大学在 2016 年发布的交通标志数据集。该数据集由从腾讯街景图片中选取的 100 000 幅图片构成。数据集共标注了 30 000 个交通标志实例，共包含指示标志、禁令标志、警告标志 3 个大类，其中又细分为 42 个小类。图像的光照和天气条件变化范围比较大，增强了样本的多样性。每个交通标志都给出了类别、包围框和像素掩膜 3 种类型的标注形式。在 TT100K 数据集中，交通标志在面积上只占整幅图的一小部分，这提高了准确检测交通标志的难度。TT100K 数据集中的交通标志示例如图 3-7 所示。

10. DOTA

DOTA 是一个开源的遥感航拍图像多类别标注数据集，数据集中具有 2 806 幅在不同传感器上拍摄的航拍图像。图像宽与高在 800 像素到 4 000 像素之间。该数

图 3-7 TT100K 数据集中的交通标志示例

据集共标注了 40 万个物体实例，分为以下 15 个类别：飞机、棒球场、桥梁、操场跑道、小机动车、大机动车、舰船、网球场、篮球场、存储罐、足球场、十字路口、游泳池、直升机以及港口。DOTA 数据集的部分示例如图 3-8 所示。

彩图 3-8

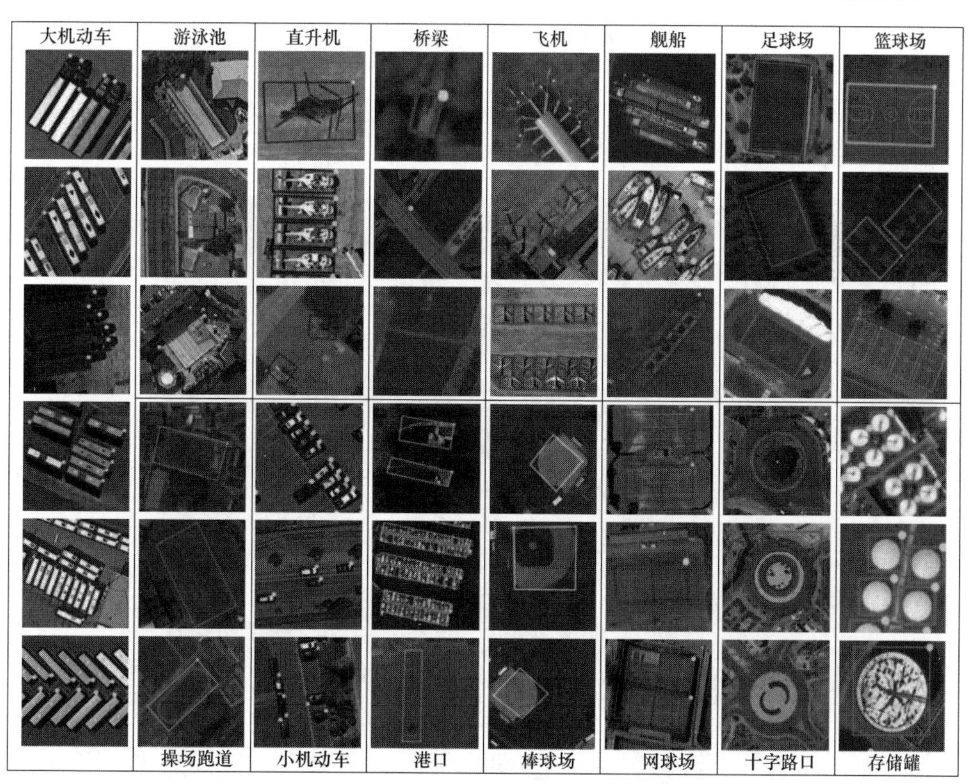

图 3-8 DOTA 数据集样本示例

3.2 目标跟踪典型数据集

从应用的角度看，常用目标跟踪数据集可以分类单目标跟踪数据集和多目标跟踪数据集。前者主要服务于视觉单目标跟踪算法，常用数据集包括 OTB、VOT、GOT-10K、LaSOT、VisDrone 单目标部分等；后者主要服务于视觉多目标跟踪算法，常用数据集包括 KITTI、MOT 和 VisDrone 多目标部分等。在本书中，为了验证算法的有效性，主要使用的数据集为 OTB、VOT、GOT-10K、KITTI 和 MOT。

1. OTB

OTB 是经典的视觉单目标跟踪数据集，初始版本由 Wu 等人在 2013 年发布。OTB 一经发布便成为视觉单目标跟踪领域权威的数据集。OTB 数据集在 2013 年发布时，包含 50 个待跟踪的视频图像序列，其给定了待跟踪目标在视频第一帧图像中的位置和宽高，需要跟踪算法预测目标在后续视频帧的位置和宽高。由于其在 2013 年发布，研究人员把它简称为 OTB2013 数据集。2015 年，Wu 等人在 OTB 2013 数据集的基础上增加了 50 个视频图像序列，该数据集包含 26 个灰度视频图像序列和 74 个彩色视频图像序列。为了和 OTB2013 数据集进行区分，研究人员称之为 OTB2015 数据集。图 3-9 给出了 OTB2015 数据集的所有视频图像序列的第一帧图像和给定待跟踪目标的边界框。

彩图 3-9

图 3-9　OTB2015 数据集样本示例

同时，对于OTB数据集，其中的每个待跟踪视频都有对应的多个属性标签，对应于跟踪场景中11个跟踪难点，视频图像序列的11个属性标签如表3.1所示。

表3-1 OTB数据集的属性标签

属性	描述
光照变化	目标区域的光照发生明显变化
尺度变化	目标的尺度和第一帧的初始尺度相比发生变化
遮挡	目标被部分或全部遮挡
变形	非钢体的物体发生变形
运动模糊	由于照相机或者目标的运动而发生运动模糊
快速运动	目标的真值在图像前、后帧的运动大于20个像素点
面外旋转	目标在图像平面内旋转
面内旋转	目标在图像平面外旋转
超出视野	一部分图像在视野之外
背景杂波	目标附近的背景和目标具有相似的颜色或者纹理
低分辨率	目标真值的像素小于400个像素点

2. VOT

相较于OTB数据集固定数量的待跟踪视频图像序列，VOT数据集来源于每年举行的Visual Object Tracking(VOT)竞赛。每年的VOT竞赛都会在上一年竞赛的评测数据集的基础上提出新的评测数据集。VOT竞赛从2013年开始举行，每年举行一次，每一次竞赛都会对待跟踪的视频图像序列或真值标签进行修改，提出新的数据集，研究人员用“VOT＋年份”对每年VOT竞赛提出的数据集命名。VOT2013数据集为2013年VOT竞赛提出的视觉单目标跟踪数据集，它只有16个视频跟踪序列，而VOT2014数据集具有25个视频跟踪序列。在VOT2015数据集推出之前，由于数据集较小，VOT竞赛的影响力较小。2015年，VOT2015竞赛由于视频图像序列的增加以及新的评测指标的提出而得到研究人员的重视。从VOT2015年以后，VOT数据集成为OTB数据集一个很好的补充。之后，VOT2016数据集在保持VOT2015数据集的视频图像序列的基础上，对一些待跟踪目标的位置进行重新标注。VOT2017数据集在VOT2016数据集的基础上，删去了10个较容易跟踪的视频图像序列，增加了10个更加困难的跟踪场景。VOT2018数据集在VOT2017数据集的基础上增加了长时跟踪的数据集。而最新的VOT2019数据集在VOT2018数据集的基础上，删去了10个较容易跟踪的视频图像序列，增加了10个更加困难的待跟踪视频图像序列。综上所述，使用VOT数据集中的VOT2016数据集和VOT2019数据集作为本章提出算法的验证数据集。同理，图3-10和图3-11分别给出VOT2016和VOT2019数据集的所有待跟踪视频图像序列的第一帧图像并给出待跟踪目标的真值边界框。

彩图 3-10

图 3-10 VOT2016 数据集样本示例

彩图 3-11

图 3-11 VOT2019 数据集样本示例

3. GOT-10k

GOT-10k 数据集于 2019 年发布，含有超过 10 000 个视频图像序列，其中训练集含有 10 000 个视频图像序列，测试集含有 180 个视频图像序列。相较于 OTB 数据集和 VOT 数据集，GOT-10k 数据集不仅含有更多的待跟踪视频图像序列，而且场景和目标种类也更加丰富。其中：训练集含有 563 个目标类别、87 种运动模式，如游泳、骑马、跑步、冲浪等；测试集含有 84 个目标类别、32 种运动模式。因此，GOT-10k 数据集可以对算法进行更加全面的分析。从 GOT-10k 数据集的测试集中挑选 40 个视频图像序列的第一帧图像在图 3-12 中进行展示。

彩图 3-12

图 3-12 GOT-10k 数据集样本示例

4. LaSOT

LaSOT 是一个大规模的视觉单目标跟踪数据集。该数据集包含 1 400 个视频图像序列,每个视频平均有 2 512 帧(最短的视频包含约 1 000 帧,最长的视频包含 11 397 帧)。LaSOT 分为 70 个类别,每个类别由 20 个视频序列组成。这些序列中的每一帧都用一个边界框仔细地手动注释,使 LaSOT 成为最大的密集注释的跟踪基准。为了鼓励跟踪领域中对结合视觉和自然语言特征的探索,LaSOT 考虑了视觉外观和自然语言的联系,不但标注了包围盒而且增加了丰富的自然语言描述。LaSOT 中的数据采集自 YouTube。图 3-13展示了该数据集的部分标注样本。

Bear-12: "white bear walking on grass around the river bank"

Bus-19: "red bus running on the highway"

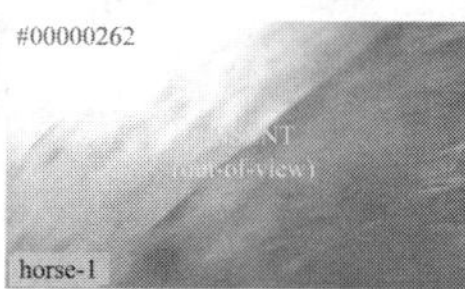

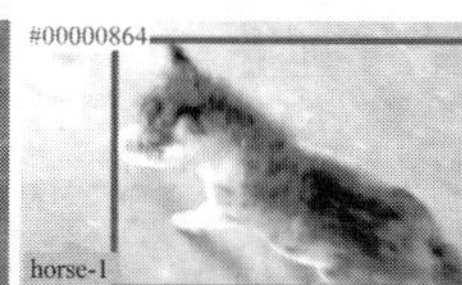

Horse-1: "brown horse running on the ground"

Person-14: "boy in black suit dancing in front of people"

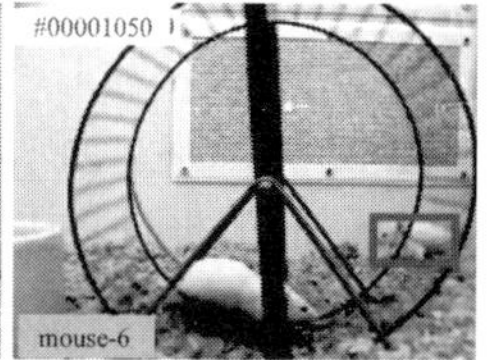

图 3-13 LaSOT 数据集样本示例

5. KITTI

使用 KITTI 数据集作为本章的评估数据集。KITTI 数据集是著名的自动驾驶场景下的数据集，其提供了自动驾驶场景的检测、深度估计、分割、多目标跟踪等数据集。KITTI数据集包含21个训练集和29个测试集，其主要跟踪两类目标，即车辆和行人，本章主要关注车辆的跟踪。其中，训练集给出了所有大于25个像素点的目标的边界框真值。因此，可以使用训练集中的目标真实运动轨迹作为“教师”，通过学徒学习方法学习奖励函数。KITTI数据集的测试集没有给出目标的真值边界框，也没有给出目标的检测边界框。因此，使用RRC检测算法对测试集中待跟踪视频中的车辆进行检测，得到检测边界框后再使用本章提出的算法进行多目标跟踪，得到数据集的跟踪结果，最后把得到的测试集的跟踪结果提交到官方网站的评估服务器进行评估，得到算法的定量跟踪结果。图3-14给出KITTI数据集中测试集的场景图。

图3-14　KITTI数据集样本示例

6. MOT2017

MOT2017数据集为对街道、商场等场所的行人进行跟踪的数据集，其含有7个训练视频和7个测试视频。其中，7个训练视频一共含有5 316帧图像、110 407个检测框，平均每帧图像含有20.8个检测框，人员最密集的视频每帧平均含有45.3个检测框，其中3个训练视频由静止摄像头拍摄，而另外4个训练视频由运动摄像头拍摄。7个测试视频一共含有5 919帧图像、182 326个检测框，平均每帧图像含有30.8个检测框，人员最密集的视频每帧平均含有69.7个检测框，其中3个测试视频由静止摄像头拍摄，而另外4个测试视频由运动摄像头拍摄。从7个测试视频分别抽取一帧图像并在图3-15中给出其可视化图像。

图 3-15 MOT2017 数据集样本示例

7. VisDrone

VisDrone 是一个利用无人机相机采集数据的大规模数据集，它包含 179 个视频中的 263 个视频片段、10 个视频中的 264 帧画面、209 幅静态图像。数据由不同的无人机相机记录，包括位置（取自中国 14 个不同的城市）、环境（城市和农村地区）、物体（如行人、车辆和自行车等）和密度（稀疏和拥挤的场景）。作者选择了 10 类在无人机应用中最受关注的目标，如行人和汽车等。作者仔细标注了来自这些类别的超过 250 万个目标实例的边界框。此外，还提供了一些重要的属性，包括场景的可见性、目标类别和遮挡，以提高数据使用率。VisDrone 支持图像目标检测、视频目标检测、单目标跟踪和多目标跟踪 4 类视觉任务。VisDrone 数据集的样本示例如 3-16 所示。

彩图 3-16

图 3-16 VisDrone 数据集样本示例

3.3 评测指标

评测指标是评估算法性能的标准。利用评测指标，研究人员可以量化地判定算法的性能优劣，便于选择合适的算法并指导研究和工作。一般而言，评测指标包含精度类指标、速度类指标和资源占用类指标等。结合每个任务的特点，目标检测和目标跟踪分别有对应的指标。

3.3.1 目标检测评测指标

目标检测的常用评测指标包括召回率(Recall)、准确率(Precision)、平均准确率(Average Precision，AP)、参数量(Params)、浮点运算量(Floating Point Operations，FLOPs)、每秒帧率(Frame Per Second，FPS)等。

为了评估一个检测结果是否为效检测，常用的规则是计算检测框与真值框的面积交并比(IoU)。其计算方法为

$$\mathrm{IoU}=\frac{\mathrm{area}(P)\cap\mathrm{area}(G)}{\mathrm{area}(P)\cup\mathrm{area}(G)} \tag{3.1}$$

其中，area(P)代表预测框的面积，area(G)为真值的面积，$\cap$ 表示两者之间的交集，$\cup$表示两者之间的并集。

检测器在一幅测试图像上的标准输出结果可以表示为(b,c,p)，其中 b 表示预测的边框位置，c 表示预测的类别标签，p 表示分类置信度。当某个预测框满足以下条件时，认为该检测结果是一个 True Positive(TP)。

1) 预测类别 c 与实际类别 c^g 一致。

2) 预测边框 b 与对应目标真值框 b^g 的 IoU 大于某一预先设定的阈值 ε，阈值 ε 在常用检测性能评估标准中通常设置为 0.5。

3) 在与某一目标真值框 b^g 相对应的所有满足上述条件的预测边框中，该预测结果具有最大的分类置信度 p，且 p 大于某一既定的分数阈值β。

不满足上述条件的预测框通常称为 False Positive(FP)，而在全部目标真值框中，未被有效检测的目标真值框(即检测结果中没有与之对应的 TP)通常被称为 False Negative(FN)。

(1) 召回率

召回率是对正确检测出的目标在所有目标中所占比值的一种度量。召回率的计算方式如下：

$$\mathrm{Recall}=\frac{\mathrm{TP}}{\mathrm{TP}+\mathrm{FN}} \tag{3.2}$$

(2) 准确率

准确率是对检测结果中正确的检测结果所占比值的一种度量。准确率的计算方式如下：

$$\mathrm{Precision}=\frac{\mathrm{TP}}{\mathrm{TP}+\mathrm{FP}} \tag{3.3}$$

(3) 平均准确率

平均准确率即在每个目标类别上，通过改变分数阈值β计算召回率从 0 变成 1 时对应的准确率的平均值。对所有类别上的平均准确率取平均值获得的检测性能评测指标 mAP，可以对检测器在整个数据集上的检测性能进行评估。计算平均准确率时，需要先对保留不同数目检测结果情况下的召回率与准确率进行计算。随着保留检测结果数目的增长，检测结果中的 TP、FP、FN 数量都在不断地发生变化。

在 PASCAL VOC 目标检测竞赛中，使用 IoU 判别阈值设置为 0.5 的情况下计算的平均准确率作为检测算法的评测指标。随着检测领域研究的不断发展，对最终检测结果的位置准确性要求也逐步提高，在测试过程中，IoU 判别阈值设置为 0.5 的情况下，无法保障检测结果的定位准确性。在 COCO 目标检测竞赛中，进一步提出了 AP@0.5:0.95、AP@0.75 这两种新的评测指标，AP@0.5:0.95 是指在交并比阈值在 0.5 到 0.95 之间，以 0.05 为间隔取值的情况下，计算得到的平均准确率的均值，AP@0.75 则是在交并比阈值设置为 0.75 时计算的平均准确率。同时，针对多尺度目标检测时，不同尺度范围下物体的检测性能存在明显差异的特点，在 COCO 目标检测竞赛中还提出了 AP_S、AP_M 以及 AP_L 的评测指标，用来对比检测模型在面积小于32^2、面积大于32^2 小于96^2、面积大于96^2 的目标上的检测性能。

(4) 参数量和浮点运算量

在衡量网络模型检测准确度的同时，也需关注网络模型在实际场景下的性能表现，模型参数量是模型性能的一个重要指标。参数量(即网络中所有参数的总数量)是模型大小的直接体现。

浮点运算量(Floating Point Operations，FLOPs)可衡量模型的复杂度，以及反映模型的推理速度。FLOPs 通常只计算网络中乘、加操作的数量，并且仅考虑卷积和全连接等的计算量。

以普通卷积层为例，不考虑偏置，卷积核大小为 $K\times K$，卷积前、后特征图通道数分别为 C_{in}和 C_{out}，卷积后特征图宽、高分别为 W_{in}和 W_{out}。普通卷积层的 Params 和 FLOPs 分别为

$$\text{Params}=C_{in}\times K\times K\times C_{out} \tag{3.4}$$

$$\text{FLOPs}=C_{in}\times K\times K\times W_{out}\times H_{out}\times C_{out} \tag{3.5}$$

普通全连接层(即卷积层的卷积核为 1)的 Params 和 FLOPs 分别为

$$\text{Params}=C_{in}\times C_{out} \tag{3.6}$$

$$\text{FLOPs}=C_{in}\times C_{out} \tag{3.7}$$

(5) 每秒帧率

除了检测准确度外，目标检测算法的另一个重要评测指标是速度，只有速度

快，才能够实现实时检测。FPS 用来评估目标检测的速度，即每秒内可以处理的图片数量。当然如果要对比 FPS，你需要在同一硬件上进行实验。另外，可以使用处理一幅图片所需时间来评估检测速度，时间越短，速度越快。

3.3.2 目标跟踪评测指标

1. 单目标跟踪评测指标

针对不同的数据集，目标跟踪的评测指标有所不同。下面将分别对 OTB 数据集、VOT 数据集和 GOT-10k 数据集的评测指标进行简要介绍。

(1) OTB 数据集的评测指标

对于 OTB 数据集，其对跟踪算法的性能评估主要有两种指标：精确率图和成功率图。其中，精确率图通过设置阈值，计算跟踪算法预测的目标位置的中心和目标真值位置的中心的欧氏距离低于所设置阈值和目标总数的比例，由于阈值从 0 到 1 递增，因此可以绘制出一条精确率变化曲线。精确率图以阈值为 0.2 时的比例作为基准的精确率，并使用这个精确率对跟踪算法进行比较。成功率图同样通过设置从 0 到 1 递增的阈值，计算跟踪算法预测的目标边界框和目标真值边界框的重叠率低于所设阈值的图像帧和目标总数的比例，由于阈值从 0 到 1 递增，因此可以绘制出一条成功率变化曲线。成功率图以曲线和 x 轴的 AUC(Area Under Curve)得分作为基准的成功率，并使用这个成功率对跟踪算法进行比较。其重叠率的计算方式如式(3.1)所示：

(2) VOT 数据集的评测指标

对于 VOT 数据集，其对跟踪算法性能的评测指标主要为准确率、鲁棒性以及期望平均重叠率(Expected Average Overlap，EAO)。其中，算法性能的主要评测指标是 EAO。其中，准确率用来评估跟踪算法跟踪目标的准确度。为了说明准确率，首先定义跟踪算法在第 t 帧的准确率：

$$\varphi_t = \frac{A_t^{\mathrm{P}} \cap A_t^{\mathrm{G}}}{A_t^{\mathrm{P}} \cup A_t^{\mathrm{G}}} \tag{3.8}$$

其中，A_t^{P} 表示跟踪算法预测的目标位置的边界框，A_t^{P} 表示目标真值位置的边界框。同时，跟踪算法需要在同一数据集上重复测试 N_{rep} 次以保证算法的稳定性，因此跟踪算法在第 t 帧的准确率为

$$\varphi_t^i = \frac{1}{N_{\mathrm{rep}}} \sum_{i=1}^{N_{\mathrm{rep}}} \varphi_t(i) \tag{3.9}$$

对于所有的跟踪有效帧 N_{val}，跟踪算法的准确率为

$$\rho_{\mathrm{A}} = \frac{1}{N_{\mathrm{val}}} \sum_{i=1}^{N_{\mathrm{val}}} \varphi_t^i \tag{3.10}$$

鲁棒性是衡量跟踪算法稳定性的指标，首先其计算跟踪算法在第 k 次重复中的失败次数 F_k，然后根据 N_{rep} 次重复的平均失败次数得到跟踪算法的鲁棒性，其定义为

$$\rho_{\text{R}} = \frac{1}{N_{\text{rep}}} \sum_{i=1}^{N_{\text{rep}}} F_k \tag{3.11}$$

为了和准确率的量级进行统一，后续使用式(3.12)计算算法的鲁棒性，其定义为

$$\rho_{\text{R}} = \frac{100}{N_{\text{rep}} N_{\text{val}}} \sum_{i=1}^{N_{\text{rep}}} F_k \tag{3.12}$$

EAO 是 VOT 数据集最重要的指标，跟踪算法在 VOT 数据集上的性能高低便是根据 EAO 确定的。不同于衡量算法准确率和鲁棒性时的多次重复测试，EAO 只测试一次。首先计算跟踪算法在长度为 N_{s} 的视频序列上的准确率，定义为

$$\varphi_{N_{\text{s}}} = \frac{1}{N_{\text{s}}} \sum_{i=1}^{N_{\text{s}}} \varphi_t \tag{3.13}$$

其中，长度为 N_{s} 的视频包括失败后重新初始化产生的视频片段。然后对这些视频的长度进行统计，使视频长度从短到长进行排序，取中间占比 50%长度的视频作为计算 EAO 的视频，即取长度为 $N_{\text{low}} \sim N_{\text{hig}}$ 的视频计算 EAO，公式为

$$\rho_{\text{EAO}} = \frac{1}{N_{\text{hig}} - N_{\text{low}}} \sum_{N_{\text{s}}=N_{\text{low}}}^{N_{\text{hig}}} \varphi_{N_{\text{s}}} \tag{3.14}$$

(3) GOT-10k 数据集的评测指标

GOT-10k 数据集使用常见的评测指标——平均重叠率(Average Overlap，AO)和成功率(Success Rate，SR)衡量跟踪算法的性能。其中，平均重叠率是指跟踪算法预测的目标位置和目标真值位置的重叠率在所有视频图像帧的平均值，成功率是指跟踪算法预测的目标位置和目标真值位置的重叠率大于指定阈值的视频图像帧占所有视频图像帧的比例。

2. 多目标跟踪评测指标

针对不同的多目标跟踪数据集，目标跟踪的评测指标有所不同。下面将分别对 KITTI 数据集和 MOT2017 数据集的评测指标进行简要介绍。

(1) KITTI 数据集的评测指标

KITTI 数据集的官方评测指标包括以下 11 个指标。

• 召回率(Recall)：

$$\text{Recall} = \frac{\text{正确匹配的目标数}}{\text{目标的真实数量}} \tag{3.15}$$

• 精确率(Precision)：

$$\text{Precision} = \frac{\text{正确匹配的目标数}}{\text{检测的目标数}} \tag{3.16}$$

- 大部分目标被跟踪(Mostly Tracked,MT):目标的预测轨迹中被正确跟踪的轨迹占大部分真实轨迹(大于80%)的比例。
- 大部分目标被跟丢(Mostly Lost,ML):目标的预测轨迹中被跟丢的轨迹占大部分真实轨迹(大于80%)的比例。
- 部分目标被跟踪(Partially Tracked,PT):目标的预测轨迹中被正确跟踪的轨迹占部分真实轨迹(20%~80%)的比例。
- 碎片(Fragment,FRRG):目标的真实轨迹被打断的次数。
- 目标编号改变(ID Switch,IDSW):目标跟踪轨迹的编号被改变的次数。
- 虚警(False Positive,FP):被错误地识别为目标的数目。
- 漏检(False Negative,FN):未检测到的真实目标数目。
- 多目标跟踪准确率(Multiple Object Tracking Accuracy,MOTA):结合了虚警、漏检和目标编号改变的度量。

$$\mathrm{MOTA} = 1 - \frac{\sum_t (\mathrm{FN}_t + \mathrm{FP}_t + \mathrm{IDSW}_t)}{\sum_t \mathrm{GT}_t} \tag{3.17}$$

其中,t 是图像的帧的索引,GT 是目标的真值数量。

- 多目标跟踪精确率(Multiple Object Tracking Precision,MOTP):所有目标的跟踪预测边界框和目标真实边界框的重叠率的均值。

(2) MOT2017 数据集的评测指标

对于 MOT2017 多目标跟踪数据集,使用如下的评测指标。

- 多目标跟踪准确率(MOTA):由虚警、漏检以及目标编号改变共同度量的指标,也是 MOTA2017 数据集中进行算法性能排序的首要指标。其具体计算方式见式(3.17)。
- 多目标跟踪精确率(MOTP):预测的目标边界框和真实目标边界框的重叠率。
- ID F1 分数(IDF1):正确识别的检测值和目标真值与计算的检测值的平均值的比例。
- FAF:平均每帧图像中含有的虚警数。
- 大部分目标被跟踪(MT):目标被正确跟踪的轨迹占真实轨迹的比例大于80%的目标与目标总数的比值。
- 大部分目标被跟丢(ML):目标被跟丢的跟踪轨迹占真实轨迹的比例大于80%的目标与目标总数的比值。
- 部分目标被跟踪(PT):目标被正确跟踪的轨迹占真实轨迹的20%~80%的目标与目标总数的比值。
- 虚警(FP):被错误地识别为目标的数目。

- 漏检(FN):未检测到的真实目标数目。
- 碎片(Fragment):目标的真实轨迹被打断的次数。
- 目标编号改变(IDSW):结合了虚警、漏检和目标编号改变的度量。

本章小结

为了更好地推动视觉目标检测与跟踪技术向着更加实用化的方向发展,本章主要介绍了该领域研究者常用的数据集,包括通用目标检测数据集、专用目标检测数据集、单目标跟踪数据集和多目标跟踪数据集。结合常见的数据集,本章进一步介绍了相关数据集的评测指标。这些数据集和评测指标为视觉目标检测和跟踪技术的进一步深入研究,以及在国民经济和国防军事中的应用打下了坚实的基础,将会对相关技术的发展产生深远的影响。

第4章 基于视觉信息的目标检测方法

相比于单阶段目标检测方法，双阶段目标检测方法具备较大的拓展空间，也更适合处理目标多尺度和目标排列的场景。同时，在 PASCAL VOC、MS-COCO 等目标检测竞赛中，双阶段目标检测方法往往能够获得更高的检测准确率。在双阶段目标检测方法中，候选区域生成和候选区域特征表达的准确与否是能否进行正确检测的关键。本章基于双阶段目标检测范式，介绍了一种基于交并比指引的目标检测算法和一种基于候选区域特征自适应表达的目标检测算法，并通过实验验证了它们的效果。

4.1 问题与分析

双阶段目标检测算法中，为了获得足够高的召回率，候选区域的数量通常都远大于图像中目标的数量。如果直接将全部候选区域送入网络进行参数学习，一方面，与背景对应的候选区域数量通常都远大于与目标对应的候选区域数量，正、负样本巨大的数量差异会导致网络参数偏向于将全部候选区域都预测为背景类别；另一方面，全部候选区域送入网络进行参数学习会造成计算量的显著增加。在生成的全部候选区域中选择少数具有代表性的候选区域参与检测网络参数的训练，是网络学习到目标的正确特征表达的关键。Faster R-CNN 模型提出的区域推荐网络使候选区域的生成与选择都可以通过学习来实现，因此其检测性能获得了明显的提升。然而，基于区域推荐网络的检测算法在学习过程中没有区分候选区域交并比的差异，这会导致分类任务与回归任务难以关注到重要候选区域样本的学习。交并比是用来衡量网络候选区域与对应目标真值框之间重叠度大小的一种度量方式，当候选区域交并比大于预先设定的交并比判别阈值时，该候选区域会作为正样本参与网络参数的训练。网络分类分支应该更多地基于交并比较大的正样本学习分类特征,网络回归分支应该更多地关注交并比较小、定位不够准确的样本位置的微调。如何在给定正样本相同的条件下,在分类分支与回归分支中选择出需要重点学习的候选区域样本,使检测器学习到更优的特征表达,需要进一步的研究。

除了候选区域选取外,区域特征表达的获取方式也会对最终检测性能产生重要影响。大量研究表明,卷积神经网络中不同大小的特征映射层适合不同尺度目标候选区域特征表达的获取。小尺度目标在高分辨率、低层级的特征映射层上能够获得更优的特征表达,大尺度目标在低分辨率、高层级的特征映射层上能够获得更优的特征表达。基于上述原理,引入特征金字塔结构成为现阶段提高模型处理多尺度目标检测问题能力的主要方法。然而,基于特征金字塔结构获取特征表达的方式仍存在一些不足:在特征金字塔结构中,根据目标尺度从特征金字塔单一特征层上获取特征表达,由于特征层上不同尺度特征占比是固定的,因此仅从单一特征层上获取特征表达,会使大尺度候选区域丢失感受野较小的特征,小尺度候选区域丢失感受野较大的特征,进而影响候选区域特征表达的准确性。此外,基于先验公式选择特征层,存在尺度接近的候选区域在不同大小特征层上获取特征表达的情况,这会导致同类目标在尺度接近的情况下,候选区域特征表达存在较大差异。综上所述,仅在特征金字塔单一特征层上难以获得准确的候选区域特征表达,如何令网络探索更多的特征组成方式,并对不同特征组成方式下获得的特征表达进行对比选择,需要进一步研究。

4.2 基于交并比指引的目标检测算法

在基于区域推荐网络的检测算法中,候选区域选择时忽略了分类任务与回归任务之间的差别,未针对不同任务分支区分具有不同交并比的候选区域正样本。针对该问题,本节提出一种适应交并比大小自动调整分类损失与回归损失的检测方法,结合不同任务分支的特点对候选区域进行重要性加权。该方法可令分类分支从具有较大交并比的候选框中学习更多的分类特征,从而避免分类分支偏向于物体局部特征的学习,解决部分定位更准确的检测结果被局部区域检测结果抑制的问题,也可令回归分支从具有较小交并比的候选框中学习更多的位置回归特征,从而避免回归分支学习到的偏置值偏小的问题,并解决部分小尺度目标容易被漏检的问题。此外,本节研究了如何解决小尺度目标缺乏正样本参与网络训练的问题,并提出去除宽高比异常的虚警检测结果的方法。

4.2.1 交并比指引的候选区域重要性加权

网络送入分类分支与回归分支中的候选区域正样本是一致的,为了使各子任务分支能够挑选出重要候选区域，本节为两个子任务分支各自设计了一个基于候选区域交并比计算的权重公式，并使用该权重分别对候选区域参与检测网络分类分支与回归分支训练时的损失进行加权。在检测的后处理阶段，会根据各检测框的分类置信度进行排序，并使用非极大值抑制去除重复检测结果，为了保留定位更为准确的检测框，交并比更大的检测框需要获得更大的分类置信分数。因此，当一个交并比较大的候选区域被分类错误时，本节提出的方法将给予更大的惩罚，促使交并比更大的候选区域在正确类别上获得更大的分类置信分数。分类损失权重的计算公式定义如下：

$$\text{cls\_score\_weight}=\begin{cases}1, & \text{IoU}<0.5\\ 1+\text{IoU}, & \text{IoU}\geqslant 0.5\end{cases} \tag{4.1}$$

对回归网络来说，当使用$\text{AP}^{\text{IoU}=0.5}$作为检测性能评测指标时，若交并比小于0.5的候选区域经过位置微调后获得的检测框与目标真值框的交并比大于0.5，则检测结果召回率会获得一定的提升，从而提高网络检测性能。而对于交并比本身就大于0.5的候选区域，即便不进行位置的微调，只要其分类置信分数大于既定阈值，就可以被有效检测。因此，回归分支应该更关注交并比相对较小的候选区域位置的微调。基于上述分析，本节设计的回归损失权重的计算公式定义如下：

$$\text{bbox\_weight}=\begin{cases}0, & \text{IoU}<\text{fg\_thresh}\\ 2-\text{IoU}, & \text{IoU}\geqslant \text{fg\_thresh}\end{cases} \tag{4.2}$$

网络训练过程中的损失函数可表示为

$$L=L_{\text{RPN}}+L_{\text{weighted-RCNN}} \tag{4.3}$$

其中，L_{RPN}与 Faster R-CNN 模型中 RPN 网络的损失函数定义一致，而 $L_{\text{weighted-RCNN}}$表示对网络的检测头结构进行训练时，使用候选区域的交并比在各分支上计算权重，并对各分支上的损失值大小进行加权，其具体定义为

$$L_{\text{weighted-RCNN}}=\frac{1}{N}\sum_{i}L_i(p,u,t^u,v) \tag{4.4}$$

$$L_i(p,u,t^u,v)=\text{cls\_score\_weight}_i\times L_{\text{cls}}(p,u)+\lambda\times\text{bbox\_weight}_i\times[u\geqslant 1]L_{\text{loc}}(t^u,v) \tag{4.5}$$

式(4.4)中的 N 为每次批处理中候选区域的数量，而对于每一个候选区域，u 表示其真实的类别标签，p 表示使用离散概率分布标识的预测类别，在 $K+1$ 个类别上可以表示为 $p=(p_0,\cdots,p_K)$，标签 0 表示背景类别。$[\cdot]$为指示函数，当内部公式成立时输出为 1，否则输出为 0。在通常情况下超参数 λ 设置为 1，用来平衡分类损失与回归损失在总损失中所占的比例。而 $t^u=(t_x^u,t_y^u,t_w^u,t_h^u)$ 表示对类别 u 预测的回归偏置值，$v=(v_x,v_y,v_w,v_h)$ 表示预测框与真值框之间的偏置值。为了使回归损失的计算不随尺度以及具体位置的变化而发生变化，定义真实偏置值的计算公式如下：

$$v_{xi}=\frac{x_i^*-x_i}{w_i},\quad v_{yi}=\frac{y_i^*-y_i}{h_i}$$

$$v_{wi}=\log\frac{w_i^*}{w},\quad v_{hi}=\log\frac{h_i^*}{h} \tag{4.6}$$

其中,x_i 与 x_i^* 分别表示预测框与真实框中心坐标的 x 值。坐标使用其均值与方差进行归一化,在训练中使用 $v'_{xi}=\frac{v_{xi}-\mu_x}{\sigma_x}$来代替 v_{xi}。$L_{\text{cls}}(p,u)$与 $L_{\text{loc}}(t^u,v)$与在 Faster R-CNN 模型中的定义一致,具体计算公式如下:

$$L_{\text{cls}}(p,u)=-u\log p \tag{4.7}$$

$$L_{\text{loc}}(t^u,v)=\sum_{i\in\{x,y,w,h\}}l_1^{\text{smooth}}(t_i^u-v_i),$$

$$l_1^{\text{smooth}}(x)=\begin{cases}0.5x^2, & |x|<1\\ |x|-0.5, & \text{其他}\end{cases} \tag{4.8}$$

通过使用上述损失函数对网络进行端对端的训练,实现检测网络分类分支与回归分支对重要候选区域的选择。

4.2.2 交并比指引的检测框架

针对基础网络检测结果对训练过程中设置的交并比判别阈值大小较为敏感的问题,本节首先分析交并比判别阈值对检测网络性能的影响。在两阶段检测框架的训练过程中,RPN 网络生成的候选区域会根据其与对应目标真值框的交并比,确定某个候选区域是作为正样本还是负样本送入之后的网络结构。当训练过程中判别阈值设置得较小时,RPN 网络在学习的过程中会将部分负样本〔即交并比大于训练时的交并比判别阈值,小于测试时的交并比判别阈值(通常为 0.5)的样本〕视为正样本参与网络的训练,使网络最终的检测结果中存在较多的虚警,影响检测的准确率。当训练过程中判别阈值设置得较大时,目标对应的候选区域交并比可能均小于该阈值,从而使大量目标缺乏对应的候选区域正样本参与网络训练。另外,当输入回归器的候选区域与检测器具有相近的质量时,可以获得相对更优的回归结果。候选区域的质量定义为候选区域与对应目标真值框的交并比,而检测器的质量定义为检测器训练时设置的交并比判别阈值的大小。研究表明,对本身就具有较大交并比的候选区域样本来说,检测器的质量越低,即检测器训练时的交并比判别阈值越小,样本定位准确性就提升得越少,甚至会变差。综上所述,当使用较小的判别阈值时,无法获得定位更为准确的检测结果,当使用较大的判别阈值时,会使正样本数量降低,导致对应候选区域正样本数量为零的部分目标实际并未参与网络的训练。

如图 4-1 所示,图像中的目标真值框使用红色矩形框表示,而这些目标真值框对应的锚框正样本使用绿色矩形框表示。本章将真值框宽高均小于32像素的物体定义为小尺度物体，图4-1中的数字表示图像中小尺度物体对应的锚框正样本的平均交并比。小尺度物体对应的锚框正样本交并比较低(通常低于0.5)，经过RPN网络(正样本判别阈值为0.7)位置微调后获得的候选区域与对应的锚框不会产生明显差异，因此小尺度物体对应的候选区域交并比大部分仍低于预先设定的交并比判别阈值。当对应候选区域的交并比均小于交并比判别阈值时，该小尺度物体在训练过程中，会由于没有候选区域正样本而无法参与网络分类分支与回归分支的训练。

彩图4-1

图4-1　Faster R-CNN框架下与小尺度物体(红色框)对应的锚框正样本(绿色框)

针对对应候选区域正样本数量为零的部分目标无法参与网络训练的问题，本章对训练集中目标对应的锚框正样本交并比进行统计，根据小尺度物体对应的锚框交并比分布情况，首先使用一定数量的膨胀卷积来增大生成锚框的特征映射图，同时减小生成锚框时锚框之间的步长。在卷积神经网络结构中，以原始的残差网络结构为例，任意两个残差单元之间都会有一个池化层(在Res1与Res2之间)或一个步长为2的卷积层，用于对上一级残差单元输出的特征映射图进行下采样，从而达到压缩数据以及计算量的作用。通过下采样还可以增大高层特征映射图的感受野，使每个卷积输出能够包含图像中更大局部范围内的信息。但是，特征映射图的逐层减小会导致高层特征映射图上每个特征点实际是对图像上较大局部区域的表达，使图像中相邻的小局部区域之间无法进行区分。直接去除下采样层，增大高层级特征映射图的大小，不但会增加计算代价，而且感受野的变小会使最终输出的特征判别性变弱。为了解决上述问题，研究者提出了膨胀卷积。图4-2是一般卷积与膨胀卷积的采样示意图。通过向滤波器采样位置之间添加0，可以在增大输出特征映射图感受野的同时，使其大小保持不变。同时，卷积核大小相同的膨胀卷积与一般卷积的参数数量相同，将一般卷积使用膨胀卷积替换后，网络依然可以使用原有的预训练权重进行网络参数的初始化。本章根据锚框与目标真值框交并比

的情况确认使用膨胀卷积的数量。图 4-3 是生成锚框步长取不同值时，小尺度物

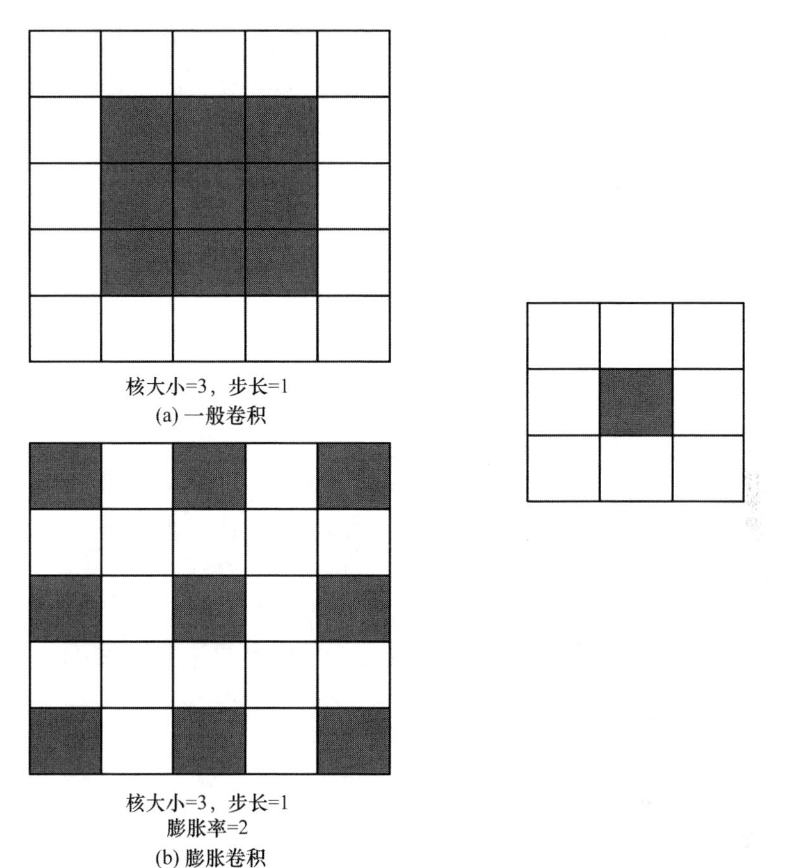

图 4-2 一般卷积与膨胀卷积的采样示意图

体对应的锚框与候选区域正样本的示意图，其中 S_A 表示生成锚框的步长，绿色矩形框表示锚框正样本或候选区域正样本，红色矩形框表示目标真值框。图 4-3(a) 和 4-3(c) 中的数字表示图像中小尺寸物体对应的锚框正样本的平均交并比。当生成锚框的步长为 16 像素时，即只在 Res5 单元使用膨胀卷积时，小尺度物体对应的锚框包含许多与物体无关的背景区域，这会给网络的学习带来困难。当生成锚框的步长为 8 时，即在 Res4 以及 Res5 单元使用膨胀卷积时，可以使生成的锚框与数据集中小尺度物体更好地对应。初始锚框的位置更准确，经过区域推荐网络位置微调后，生成的候选区域能够与目标具有更大的交并比。因此在 Res4 以及 Res5 单元使用膨胀卷积替换一般的卷积，小尺度物体能够更有效地参与网络的训练。

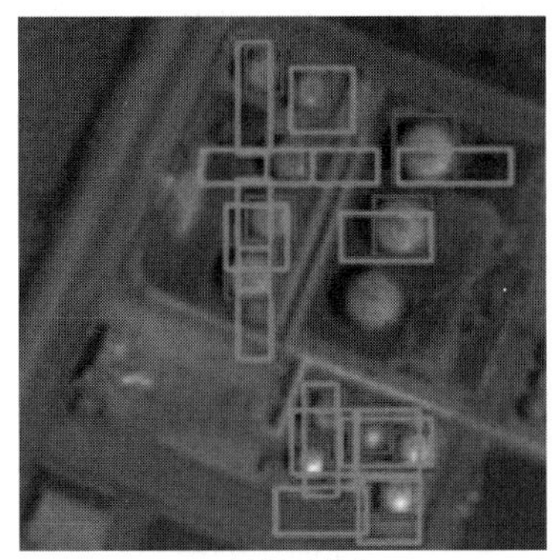
(a) 锚框正样本
S_A=16

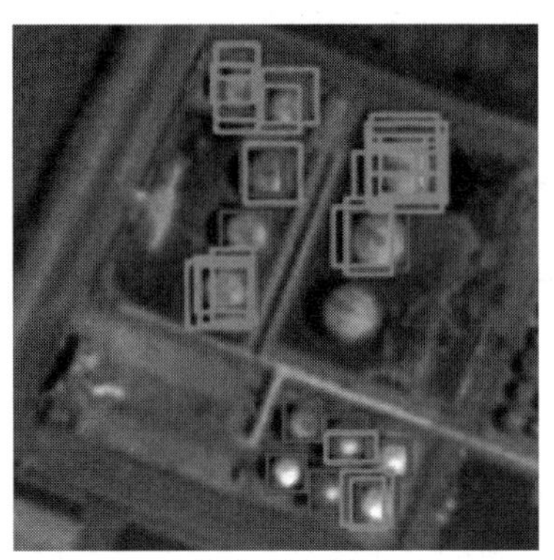
(b) 候选区域正样本
S_A=16

(c) 锚框正样本
S_A=8

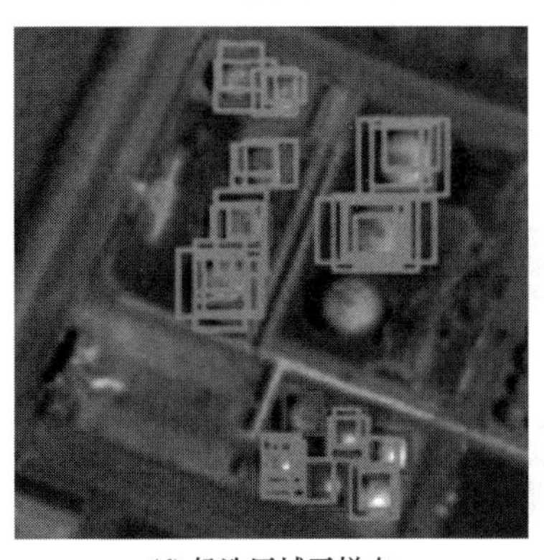
(d) 候选区域正样本
S_A=8

彩图 4-3

图 4-3 小尺寸物体(红色框)对应的锚框正样本(绿色框)与候选区域正样本(绿色框)示意图

此外,有文献指出,训练多个具有不同判别阈值的分类器,参考各分类器的分类分数获得最终的分类结果,可以获得更优的分类性能。本章也训练了多个判别阈值依次递增的检测器,将候选区域先通过判别阈值较低的检测器进行分类与位置微调,再将位置微调之后的检测结果作为判别阈值较高的检测器的输入,从而避免了将区域推荐网络生成的候选区域直接送入判别阈值较大的检测器中进行训练时,检测器由于缺乏足够的正样本而容易出现过拟合的问题。级联检测头的结构如图 4-4 所示,本章中将检测器 H1 的判别阈值设为 0.4,增大图像中小尺度物体对应的候选区域正样本参与网络训练的概率。虽然该判别阈值会导致检测结果中出现更多的虚警,但级联检测头结构可以通过阈值更大的检测器抑制虚警。此外,级联检测头结构还能使定位更为准确的检测结果获得相对更高的分类置信度。

彩图 4-4

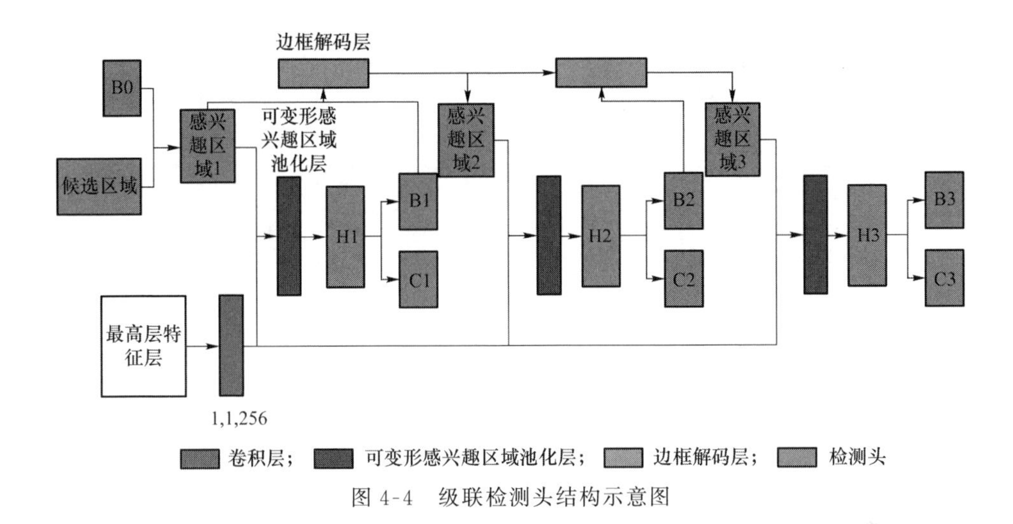

图 4-4 级联检测头结构示意图

4.2.3 线性虚警消减

如图 4-5 所示，在骨干网络中使用可变形卷积时，检测结果中会出现一些宽高比明显异常的检测结果，本章中将其定义为线性虚警。普通卷积层的空间采样位置是人为设定的确定大小矩形区域内的点，由于无法针对不同的前景形状对采样位置进行灵活的调整，因此会使采样获得的特征缺乏足够的判别性。而可变形卷积在学习每个采样位置上特征权重的同时，还会在每个采样位置上学习一组偏置值，通过这一可学习的、根据具体采样位置特征变化的偏置值，可以使卷积层的采样位置更为灵活，提取到的特征更准确。使用可变形卷积还可以在一定程度上解决物体的尺度变化与旋转情景下的检测问题。但由于输出特征层中每个位置对应于输入图像中的采样位置更加灵活，因此一些靠近目标的错误检测框也可以获得较大的分类置信度，而且由于其近乎线性的形状，因此这一类虚警在非极大值抑制过程中无法被正确检测结果抑制。

彩图 4-5

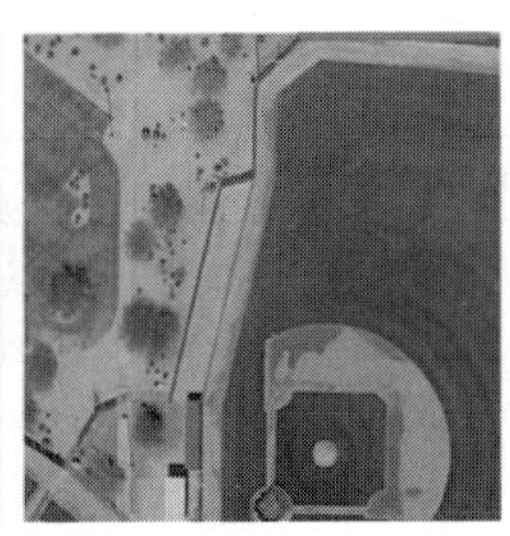

(a) 检测结果中的线性虚警

(b) 对应的真值框

图 4-5 检测结果中的线性虚警以及对应的真值框

为了去除类似的线性虚警检测结果，研究者提出了宽高比约束下的非极大值抑制方法。他们对训练集中所有标注目标的宽高比进行统计时，发现数据集中物体宽高比的对数分布接近正态分布，因此他们计算出所有物体的宽高比对数分布的均值以及标准差，并在检测时将检测结果中宽高比数值不在指定范围内的检测框确认为线性虚警，在进行非极大值抑制之前将这些线性虚警的分类置信度设为0，从而在最终的检测结果中将它们去除。然而，本章数据集中不同类别目标的宽高比具有较大的差异，根据所有物体的宽高比分布来限定不同类别物体检测框的宽高比范围并不是最优的。如表 4-1 所示，本章列出了 DOTA 数据集的训练集中不同类别物体的宽高比范围。可以看到不同类别物体的目标宽高比存在明显的差异，若直接使用宽高比约束下的非极大值抑制，无法有效判别检测结果中的线性虚警。为此，本章对这一方法进行改进，对每个类别的目标都计算一个合理的检测框宽高比范围，将改进后的方法称为类别宽高比约束下的非极大值抑制。

表 4-1 DOTA 数据集的训练子集中不同类别物体的宽高比范围

类别	宽高比最大值	宽高比最小值	类别	宽高比最大值	宽高比最小值	类别	宽高比最大值	宽高比最小值
飞机	3.36	0.31	大机动车	16.80	0.12	足球场	3.30	0.34
棒球场	2.30	0.45	舰船	9.33	0.10	十字路口	2.12	0.48
桥梁	21.53	0.07	网球场	3.23	0.21	港口	16.12	0.04
运动场	4.43	0.29	篮球场	3.39	0.27	游泳池	3.82	0.34
小机动车	5.25	0.22	存储罐	5.83	0.33	直升机	5.25	0.17

检测框宽高比的对数值计算公式如下：

$$L_{AR}=\log\frac{\text{width}}{\text{height}+\delta_t} \tag{4.9}$$

其中 width 以及 height 分别代表水平检测框的宽(图像坐标系 x 方向上的距离)和高(图像坐标系 y 方向上的距离)，而 δ_t 是一个分式系数以确保分母不为 0，在实验中将其设置为10^{-40}。然后计算每一个类别物体的宽高比对数分布的均值μ与标准差σ。对于类别为$i(i\in\{1,\cdots,K\})$的检测框，其宽高比约束的定义如下：

$$C_{it}=\begin{cases}1, & 如果\,|L_{\mathrm{AR_t}}-\mu_i|\leqslant m_i\sigma_i \\ 0, & 如果\,|L_{\mathrm{AR_t}}-\mu_i|>m_i\sigma_i\end{cases} \tag{4.10}$$

其中，μ_i以及σ_i分别是根据训练集标注中所有类别为i的样本的L_{AR}计算的均值与标准差。而约束因子m_i则根据该类样本的检测框宽高比对数值的最大范围来确定：

$$m_i=\max\left(\frac{\mu_i-L_{\mathrm{AR}_{i\min}}}{\sigma_i},\frac{L_{\mathrm{AR}_{i\max}}-\mu_i}{\sigma_i}\right) \tag{4.11}$$

在计算m_i的过程中，会去除一些异常的极值点。这些异常的极值点是将数据集的大图像裁剪为训练中使用的图像切片时产生的。在测试过程中，若某个检测结果预测类别为i，且该检测结果的宽高比对数值不在预定的合理范围内，即预测框的宽高比对数值不满足$|L_{\mathrm{AR_t}}-\mu_i|\leqslant m_i\sigma_i$，则认为该检测结果是一个虚警，并将其从最终检测结果中去除。

4.2.4 基于交并比指引的目标检测算法实验结果及分析

本节使用 DOTA 数据集开展实验。对 DOTA 数据集训练集上的目标在不同尺度范围内的目标数量进行统计，统计结果如图 4-6 所示。图中表识为飞机(PL)、棒球场(BD)、桥梁(BR)、操场跑道(GTF)、小机动车(SV)、大机动车(LV)、舰船(SH)、网球场(TC)、篮球场(BC)、存储罐(ST)、足球场(SBF)、十字路口(RA)、游泳池(SP)、直升机(HC)以及港口(HA)。可以看到，在 DOTA 数据集中，不同类别样本间的尺度范围存在巨大的差异。其中小机动车、大机动车、舰船、存储罐以及桥梁等类别中包含大量小尺度物体。

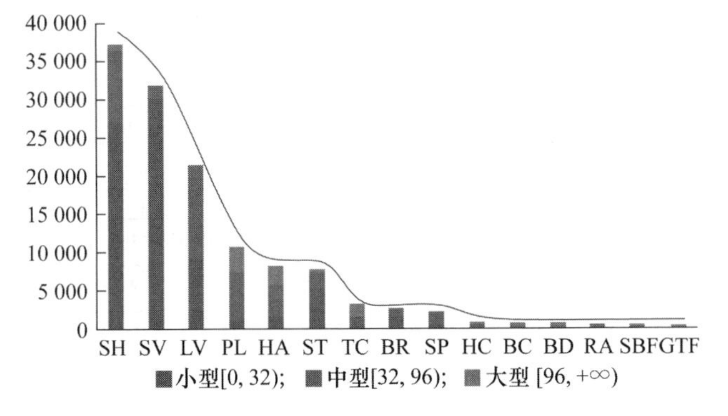

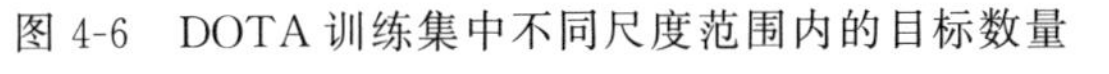

彩图 4-6

图 4-6 DOTA 训练集中不同尺度范围内的目标数量

检测结果评估方面，本章使用平均准确率(Average Precision，AP)和各类平均准确率 mAP 对检测器性能进行评估。实验过程中，使用在 ImageNet 数据集上预训练过的 ResNet101 预训练权重对模型参数进行初始化。由于数据集中原始图像分辨率较高无法直接送入网络进行处理，因此本章对图像进行有重叠的裁剪，使用大小为 800×800 的滑动窗在原始图像上以步长为 600 进行滑动，实现图像的裁剪。本章使用随机梯度下降算法对网络进行训练，一共迭代 15 个周期，初始学习率为 0.000 5，完成 10 次迭代之后，学习率将会被降为 5×10^{-5}来完成后续的训练。在区域推荐网络中，本章在特征图每个位置上设置了 6 个不同尺度(锚框边长分别为 16 像素、32 像素、64 像素、128 像素、256 像素、512 像素)、9 个不同宽高比(0.2，0.25，0.33，0.5，1，2，3，4，5)的参考框，以与该数据集中的目标更好地匹配。本章将使用可变形卷积的 Faster R-CNN 检测算法作为基础方法进行后续研究。

1. 交并比指引的候选区域重要性加权评估与分析

训练过程中，本文基于候选区域交并比，在不同子任务分支的学习过程中对重要候选区域进行选择。具有不同交并比的样本参与网络检测头结构的训练时，会在原有损失的基础上，使用分类分支或是回归分支上计算的权重值对损失进行加权。为了更好地分析交并比的引入对检测过程中分类分支与回归分支的影响，本章设计了 3 种不同的交并比加权方法对网络进行训练，分别为仅对分类损失进行加权、仅对回归损失进行加权、对两种损失均进行加权。在验证集上进行实验，实验结果如表 4-2 所示。可以看到，3 种不同的交并比加权方法均能有效提升检测器的检测性能，相较于基础网络检测性能平均可以提升 3.65%。对两种损失均进行加权的方式可以在小尺度物体较多的类别上取得更优的检测性能。

表 4-2　使用不同的交并比加权方法对检测性能产生的影响

类别	基础方法	＋交并比加权的分类损失	＋交并比加权的回归损失	＋交并比加权损失	类别	基础方法	＋交并比加权的分类损失	＋交并比加权的回归损失	＋交并比加权损失
飞机	86.67%	88.26%	88.69%	89.04%	篮球场	65.85%	66.41%	**67.57%**	66.11%
棒球场	69.54%	70.10%	**70.86%**	65.67%	存储罐	82.14%	85.69%	85.14%	**86.52%**
桥梁	40.55%	48.28%	48.37%	**48.42%**	足球场	66.56%	68.97%	**72.04%**	67.72%
运动场	60.92%	**68.12%**	65.02%	67.18%	十字路口	62.64%	66.91%	**67.33%**	67.17%
小机动车	53.22%	61.88%	62.98%	**65.14%**	港口	70.76%	74.96%	75.22%	**75.31%**
大机动车	63.78%	69.29%	70.54%	**70.86%**	游泳池	50.34%	53.51%	**56.60%**	53.00%
舰船	**84.01%**	82.77%	83.13%	83.65%	直升机	55.29%	**60.44%**	59.06%	56.23%
网球场	90.13%	90.50%	**90.52%**	90.48%	mAP	66.83%	70.41%	70.87%	70.17%

为了进一步分析不同的交并比加权方法对网络检测性能的影响，本章还使用了其他的加权方法对网络损失进行加权。在分类损失权重计算方面，尝试将交并比大于 0.5 时的权重计算公式修改为 0.5+IoU，去除原权重计算公式中存在的权重跳跃变化的问题。然而，使用两种不同的分类损失权重计算公式获得的网络的最终检测性能并没有明显的差异(修改前 mAP 为 70.41%，而修改后 mAP 为 70.47%)。在回归损失权重计算方面，本章尝试将交并比值大于既定阈值时的权重计算公式改为 1.5－IoU(减小回归损失在总损失中的比重)或 3－IoU(增大回归损失在总损失中的比重)来对网络进行训练。实验结果如表 4-3 所示，当权重值增加时，网络检测性能也会随着获得少量提升。

表 4-3　使用不同的回归损失权重计算方法对检测性能带来的影响

类别	权重计算方法		
	1.5－IoU	2－IoU	3－IoU
飞机	**89.07%**	88.69%	88.37%
棒球场	70.46%	70.86%	**71.13%**
桥梁	47.59%	48.37%	**48.43%**
运动场	63.67%	65.02%	**65.13%**
小机动车	62.85%	62.98%	**65.13%**
大机动车	74.43%	70.54%	**74.85%**
舰船	84.51%	83.13%	**85.77%**
网毛球场	90.34%	90.52%	**90.52%**
篮球场	67.21%	67.57%	**70.08%**
存储罐	84.37%	85.14%	**86.37%**
足球场	71.47%	**72.04%**	65.11%
十字路口	64.87%	**67.33%**	64.42%
港口	74.46%	**75.22%**	75.09%
游泳池	55.83%	**56.60%**	56.13%
直升机	55.71%	59.06%	57.84%
mAP	70.45%	70.87%	**70.96%**

2. 交并比指引的检测框架性能评估与分析

针对基础方法中部分目标不存在与之对应的正样本参与网络训练的问题，本章提出了交并比指引的检测框架，检测框架结构如图 4-7 所示。首先在 Res4 和 Res5 中使用膨胀卷积，使输出特征映射图相对输入图像的步长以及生成锚框时锚框之间的步长从 32 减小到 8。在训练过程中发现此时仍存在部分小尺度物体缺乏与之对应的候选区域正样本，因此本章中将检测器的交并比判别阈值降低为 0.4，从而增大小尺度物体具有对应候选区域正样本的可能性。

这一部分在测试集切片上进行实验，测试集切片数据集相对于原始测试集具有更多的小尺度物体，因此能够凸显训练过程中检测器交并比判别阈值的降低对小尺度物体检测性能的影响。实验结果如表 4-4 所示，其中基础方法在训练过程中检测器的交并比判别阈值为 0.5。降低交并比判别阈值可以提高检测器在小尺度物体较多类别上的检测性能，但相对在篮球场、港口等类别上的检测检测性能变差。这些类别上检测性能的下降是由于训练过程中交并比判别阈值降低，基于质量不足的正样本对网络参数进行学习在测试过程中会产生更多的虚警检测结果。本章通过引入级联结构，训练多个不同交并比判别阈值的检测器，来补偿检测器交并比判别阈值的降低给网络训练带来的问题。

彩图 4-7

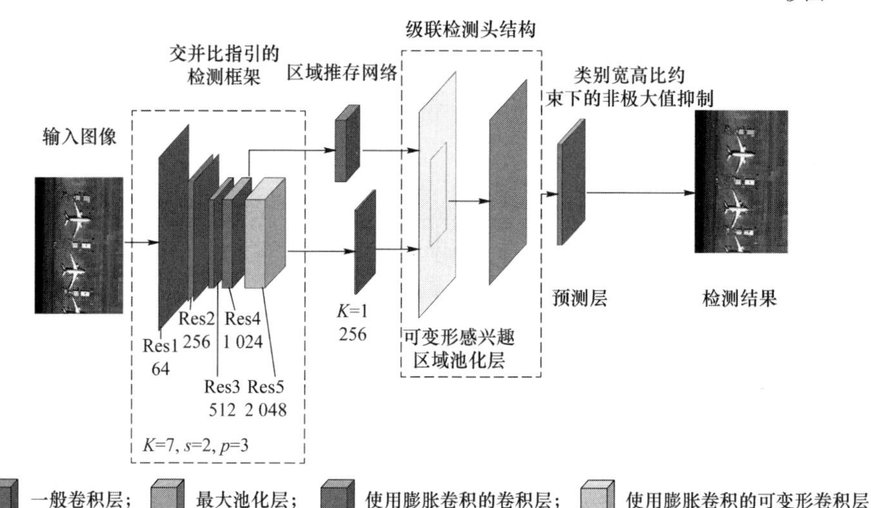

图 4-7　交并比指引的检测框架结构图

表 4-4　训练过程中检测器交并比判别阈值的降低对检测性能的影响

类别	检测方法	
	基础方法	训练过程中交并比判别阈值降低为 0.4
飞机	87.52%	87.70%
棒球场	77.90%	80.69%
桥梁	51.50%	48.81%
运动场	75.86%	78.01%
小机动车	59.93%	58.09%
大机动车	61.17%	61.75%
舰船	83.75%	84.89%
网球场	90.38%	90.18%
篮球场	57.83%	55.57%

续 表

类别	检测方法	
	基础方法	训练过程中交并比阈值降低为 0.4
存储罐	51.44%	55.18%
足球场	65.45%	70.42%
十字路口	57.21%	58.39%
港口	77.61%	75.38%
游泳池	49.73%	52.50%
直升机	62.86%	64.49%
mAP	66.94%	68.14%

如表 4-5 所示，设置训练时的交并比判别阈值为 0.4，在基本测试集上进行实验，通过膨胀卷积的添加来改善小尺度物体对应的初始锚框的质量，能够有效增加检测器在小尺度物体较多类别上的正确检测数量。然而，由于对应的低质量训练样本的数量也显著增加，因此虚警检测的数量也随之增大，造成整体检测性能的下降。而级联检测头结构的引入能够有效降低虚警检测的分类分数，抑制虚警的产生。最终网络在舰船、小机动车、大机动车等具有较多小尺度物体的类别上检测性能平均提升了 5.45%，在整个数据集上的检测性能也提升了 1%。

表 4-5 膨胀卷积与级联检测头结构对检测性能的影响

类别	检测方法								
	基础方法			+膨胀卷积			+膨胀卷积+级联检测头结构		
	AP/%	TP	FP	AP/%	TP	FP	AP/%	TP	FP
飞机	86.67	2 365	12 090	86.43	2 366	6 197	86.78	2 351	6 993
棒球场	69.54	181	2 397	67.62	185	2 020	66.99	189	3 598
桥梁	40.55	316	21 798	44.02	310	7 188	41.87	306	8 809
运动场	60.92	116	3 792	64.55	113	3 513	57.76	115	5 135
小机动车	53.22	4 587	123 132	49.48	4 733	87 227	64.13	4 873	89 094
大机动车	63.78	3 626	76 126	61.22	3 623	50 905	68.21	3 673	53 290
舰船	84.01	8 047	42 921	85.42	8 205	26 622	87.41	8 306	30 331
网球场	90.13	710	5 041	88.91	698	4 078	89.89	711	4 737
篮球场	65.85	102	3 593	63.13	97	2 131	63.86	101	3 392
存储罐	82.14	1 724	31 486	78.53	1 755	19 672	81.72	1 765	16 102
足球场	66.56	78	2 526	70.14	80	1 820	70.01	83	2 666
十字路口	62.64	140	4 755	64.83	138	2 745	59.37	139	3 820
港口	70.76	1 812	16 118	69.35	1 815	12 758	70.77	1 827	14 643
游泳池	50.34	294	10 746	46.29	292	6 197	53.4	300	6 456
直升机	55.29	61	3 920	58.28	61	2 556	55.36	62	3 079
mAP	66.83%			66.55%			67.83%		

3. 检测框架有效性评估与分析

图 4-8 所示为本章提出的检测框架在 DOTA 测试集上的检测结果。可以看到，本章提出的检测框架可以对存在较大尺度差异的不同类别物体进行有效的检测。在验证集上进行实验，在使用类别宽高比约束下的非极大值抑制方法进行检测框后处理时，整体检测性能 mAP 能够额外提升 0.8%。为了公平对比评估本章提出的检测框架与其他

彩图 4-8

图 4-8　本章提出的多尺度物体检测框架在 DOTA 测试集上的检测结果

检测算法的检测性能，将网络在 DOTA 测试集上的检测结果传输到数据集评估服务器上进行性能评估。在 DOTA 数据集水平框检测任务上，本章提出的检测框架与其他检测算法检测结果如表 4-6 所示。评估网站上部分检测结果无法得知准确的检测方法以及使用的训练策略，因此在表中仅列出了部分检测算法的检测结果。一些基于旋转框检测算法获得的检测结果没有在表中进行展示。在没有使用多尺度训练、多尺度测试，特征金字塔结构、旋转 RPN 网络以及在线难例挖掘等训练技巧的情况下，本章提出的检测框架在该数据集上实现了准确的多尺度目标检测。与基础方法对比，其检测性能提升了4.8%。与同时期取得最佳检测性能的方法相比，本章提出的检测框架在未使用图像金字塔、特征金字塔、旋转 RPN 网络等额外训练策略的条件下实现了相近的检测性能，并且在具有更多小尺度物体的类别(如小机动车、大机动车、舰船)上获得了更优的检测结果。本章可以进一步通过使用图像金字塔结构，提高检测算法在大尺度物体上的检测性能，并可以通过引入旋转框检测来获得更加准确的检测结果。

表 4-6 DOTA 测试集上相关算法检测性能对比

类别	YOLOv2	R-FCN	SSD	FR-H	Deformable FR-H	Azimi 等人提出的算法	本章提出的检测框架
飞机	76.90%	81.01%	57.85%	80.32%	86.53%	89.97%	88.62%
棒球场	33.87%	58.96%	32.79%	77.55%	77.54%	77.71%	80.22%
桥梁	22.73%	31.64%	16.14%	32.86%	42.70%	53.38%	53.18%
运动场	34.88%	58.97%	18.67%	68.13%	64.43%	73.26%	66.97%
小机动车	38.73%	49.77%	0.05%	53.66%	67.60%	73.46%	76.30%
大机动车	32.02%	45.04%	36.93%	52.49%	63.64%	65.02%	72.59%
舰船	52.37%	49.29%	24.74%	50.04%	77.86%	78.22%	84.07%
网球场	61.65%	68.99%	81.16%	90.41%	90.33%	90.79%	90.66%
篮球场	48.54%	52.07%	25.10%	75.05%	77.82%	79.05%	80.95%
存储罐	33.91%	67.42%	47.47%	59.59%	75.36%	84.81%	76.24%
足球场	29.27%	41.83%	11.22%	57.00%	52.12%	57.20%	57.12%
十字路口	36.83%	51.44%	31.53%	49.81%	56.79%	62.11%	66.65%
港口	36.44%	45.15%	14.12%	61.69%	68.92%	73.45%	74.08%
游泳池	38.26%	53.30%	9.09%	56.46%	62.04%	70.22%	66.36%
直升机	11.61%	33.89%	0.0%	41.85%	54.92%	58.08%	56.85%
mAP	39.20%	52.58%	29.86%	60.64%	67.91%	72.45%	72.72%

4.3 基于候选区域特征自适应表达的目标检测算法

特征金字塔(如图 4-9 所示)通过自上而下的连接对不同大小的特征映射图上的特征进行融合,并根据先验公式选择指定大小的特征映射图,获取候选区域的特征表达。如图 4-9 所示,特征金字塔的底层特征映射层 $P2$ 层可以基于如下公式获取:

$$\begin{aligned} P2 &= F_3(F_1(C2)+U(P3)) = F_3(F_1(C2)+U(F3(F_1(C3)+U(P4)))) \\ &= F_3(F_1(C2)+U(F3(F_1(C3)+U(F_3(F_1(C4)+U(P5)))))) \\ &= F_3(F_1(C2)+U(F3(F_1(C3)+U(F_3(F_1(C4)+U(F_1(C5))))))) \end{aligned} \tag{4.12}$$

其中 F_3 表示卷积核大小为 3 的卷积层,F_1 表示卷积核大小为 1 的卷积层,U 代表上采样层。F_1 通常又被称为横向连接层,在进行相邻层特征融合之前,对骨干网络各特征层($C2$～$C5$)的通道数量进行调整。相邻层特征层缩放到相同分辨率后直接相加进行特征的传递,因此特征映射层上不同尺度的特征比例是固定的。若使用 $I(P2)$表示 $P2$ 层上的特征,则 $P2$ 层受到骨干网络各特征层上特征的影响如下:

$$I(P2)=\frac{1}{2}I(C2)+\frac{1}{4}I(C3)+\frac{1}{8}I(C4)+\frac{1}{16}I(C5) \tag{4.13}$$

同理可得,特征映射层 $P3$ 层受到骨干网络各特征层上特征的影响如下:

$$I(P3)=\frac{1}{2}I(C3)+\frac{1}{4}I(C4)+\frac{1}{8}I(C5) \tag{4.14}$$

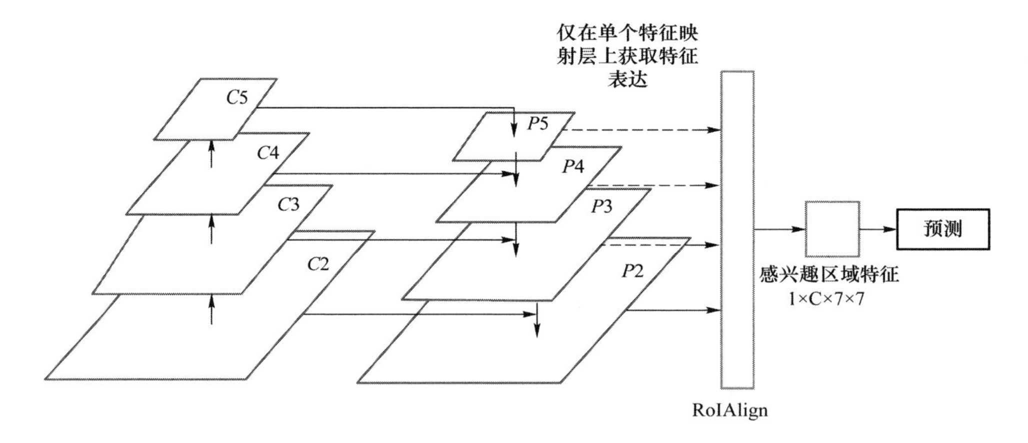

图 4-9　特征金字塔结构示意图

在特征金字塔各特征层上,不同感受野大小的特征占比固定不变。随着特征层级递增，特征层上小感受野的特征会丢失〔Pn 层上不包含 $C2$ 到 $C(n-1)$层上的特征〕，随着特征层级递减，特征层上大感受野的特征不断发生衰减。仅在特征金字塔的单一特征层上获取目标判别特征，会使大尺度候选区域特征表达丢失小感受野特征，小尺度候选区域特征表达丢失大感受野特征。如何令候选区域在所有特征层上，从不同尺度的特征中选取关键特征，构建更准确的多尺度特征表达，是一个值得研究的问题。

针对上述问题，本节提出了一种基于自适应特征选择的候选区域特征表达获取方法。本节设计以下两个模块：基于整个图像输入计算的全局注意力特征选择模块(Global Attention Based Feature Selection Module，GAFSM)以及基于候选区域输入计算的特征自适应选择模块(Feature Adaptive Selection Module，FASM)。一方面，卷积神经网络中，特征映射层不同特征通道对应的特征是存在冗余的，当目标类别存在差异时，在特征表达中不同类型的特征起到的作用大小也是存在差异的。全局注意力特征选择模块根据图像输入对特征通道之间的相互依赖关系进行建模，增强当前任务中的重要特征。另一方面，本节在特征自适应选择模块中构建了如下检测特征层：

$$I(P_{R_i})=A_2(R_i)I(C2)+A_3(R_i)I(C3)+A_4(R_i)I(C4)+A_5(R_i)I(C5) \tag{4.15}$$

其中，R_i 表示当前处理的候选区域，P_{R_i} 表示最终提取特征表达的检测特征层，$A_j(\cdot)$表示根据候选区域计算的骨干网络 C_j 特征层在P_{R_i}中所占比例。每个候选区域获取特征表达的检测特征层都是根据候选区域输入计算获取的。在网络学习过程中，可以根据前向传播过程中产生的损失值大小，对不同特征组成下获取到的特征表达优劣进行判断，令网络学习到更优的特征组成方式。

4.3.1 特征自适应选择模块

特征金字塔结构是现阶段解决多尺度目标检测问题的常用方法，在特征金字塔结构中获取候选区域的特征表达时，尺度较大的候选区域会与高层特征映射层进行关联，而尺度较小的候选区域则会与低层特征映射层进行关联。虽然这一结构验证了不同尺度候选区域在特征组成存在差异的特征映射层上，可以获得更优的特征表达，但特征金字塔结构中，特征映射层上的特征组成都是固定的，其他特征组成下能否获得更优的特征表达需要进行进一步的研究。本节首先对已有的特征金字塔结构优化方法进行介绍，并说明这些方法的实现原理与存在的不足，然后介绍本节设计的特征自适应选择模块的结构与实现方法。

1. 已有的特征金字塔结构优化方法

Pang 等人在 Libra R-CNN 算法中指出，不同大小特征映射层上高层特征占比不同，会导致特征映射层语义信息的不均衡，进而造成小尺度物体检测性能的不足。为了解决上述问题，Libra R-CNN 算法中提出了均衡特征金字塔结构。Libra R-CNN 网络结构如图 4-10 所示，均衡特征金字塔模块首先通过插值或最大池化的方式，将特征金字塔中不同分辨率的特征映射层缩放到相同的大小，然后将缩放后的特征层直接相加求平均值，获得均衡语义特征。获得均衡语义特征后，均衡特征金字塔模块中还进一步使用集成高斯非局部注意力模块来对集成特征进行微调，增强集成特征的表达能力。最后对集成特征进行缩放，将其与原始特征金字塔结构不同大小的特征映射层相加，保障各层级上语义信息的一致性。为了获得更准确的多尺度特征表达，M2Det 算法中提出了多级特征金字塔网络，通过构建不同层级的特征金字塔结构，并从多层级的特征金字塔结构中选择相同分辨率的特征映射层进行融合，使最终用于检测的特征金字塔各层特征映射层都包含来自多层级的有效信息。上述两种算法虽然构建了更有效的特征金字塔，但基于先验公式在单一特征映射层上获取候选区域特征表达的方法仍然存在以下不足：一方面，基于先验公式选取的特征映射层可能是次优的；另一方面，各特征映射层上的特征组成依旧是固定的。此外，M2Det 算法中引入大量的额外分支来构建不同层级的特征金字塔结构，使得该网络需要消耗更多的计算资源。针对使用先验公式选取特征映射层可能获得次优解的问题，FSAF 算法中提出了在线特征选择方法，在训练过程中，根据前向传播过程中的损失值大小，动态选择更适合当前实例特征提取的特征层，从而提高模型获取到的多尺度特征表达的准确性。

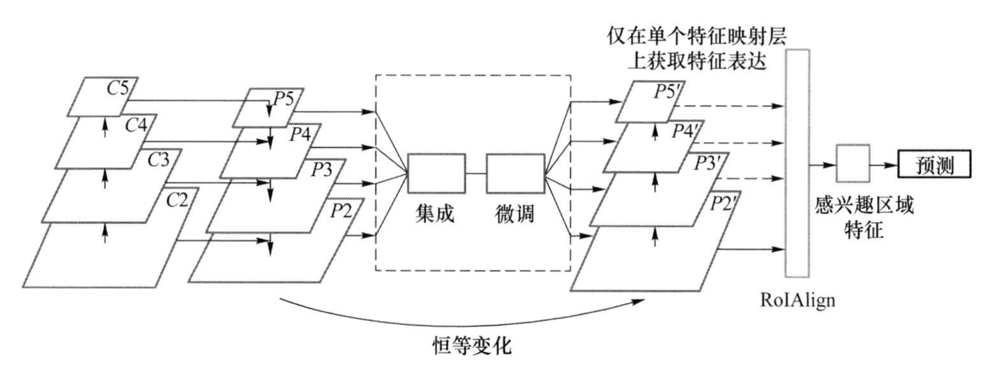

图 4-10　Libra R-CNN 网络结构示意图

上述算法仅在特征金字塔结构单一特征映射层上获取特征表达，PANet 算法中指出，在特征金字塔结构中，除了根据候选区域大小以及先验公式选择出的特定特征映射层外，引入其他特征映射层上的特征，可以进一步优化候选区域的特征表达。针对底层信息通过多层卷积层处理才能到达高层特征映射图的问题，PANet 算法中在 FPN 算法自上而下特征集成路径的基础上，又扩展了一个自下而上的特征集成路径，通过横向连接将低层级特征映射层上的特征直接传递到高层级的特征映射图。另外,针对仅从单一特征映射层上获取特征表达时,其他特征映射层上的特征无法应用的问题,PANet算法中提出了自适应特征池化的方法。如图4-11所示,自适应特征池化模块将每个候选区域映射到特征金字塔不同大小的特征层级上,并提取对应位置上的特征,各层级上的特征表达使用不同的全连接层进行处理,然后使用逐元素取最大值或相加的方式,将各层级上获得的特征表达进行融合。最后使用融合后的特征表达对候选区域进行进一步的预测。然而,探索在更多特征组成方式下获取到的特征表达并进行对比可以进一步提高模型获得多尺度特征表达的能力,进而提高模型的检测性能。

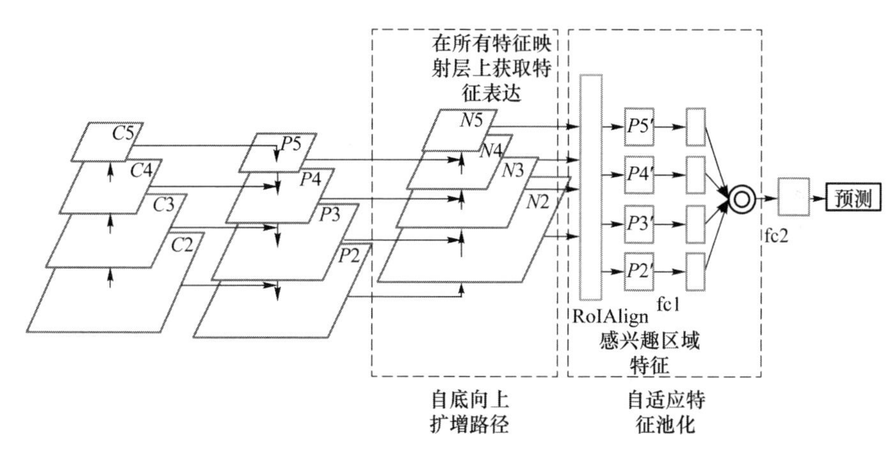

图4-11 PANet结构示意图

2. 启发算法SKNet

为了对比在不同特征组成方式下获得的特征表达之间的优劣,使网络能够根据候选区域输入,动态调整检测特征层上不同尺度特征的占比,本章借鉴了SKNet算法中提出的动态选择机制来构建特征自适应选择模块。在人的神经感知系统下,视觉皮层神经元的感受野大小会受到激励的影响而发生变化。受到上述事实的启发,SKNet算法中根据多尺度的输入信息,动态调整卷积神经网络的感受野大小,从而更好地获取多尺度目标的特征表达。图4-12所示是SKNet算法的基础模块——选择性核的结构,在一般卷积结构的基础上,并行添加一个具有不同大小卷积核的分支对输入特征进行处理。然后将每个分支上输出的特征集成在一起,经过全连接层以及softmax层处理,计算不同通道上每个分支输出特征的权重大小。最终对不同分支上的特征进行加权求和获得输出特征,根据输入情况来融合具有不同感受野大小的神经元上的有效信息。为了尽量减小选择性核卷积相较于一般卷积引入的额外计算负担,特征分离阶段使用膨胀率为2,卷积核大小为3×3的膨胀卷积替代卷积核大小为5×5的普通卷积,以获得具有较大感受野的特征。在特征融合阶段，将融合后的特征使用空间维度平均池化处理后，再使用缩减系数 γ 进行降维。

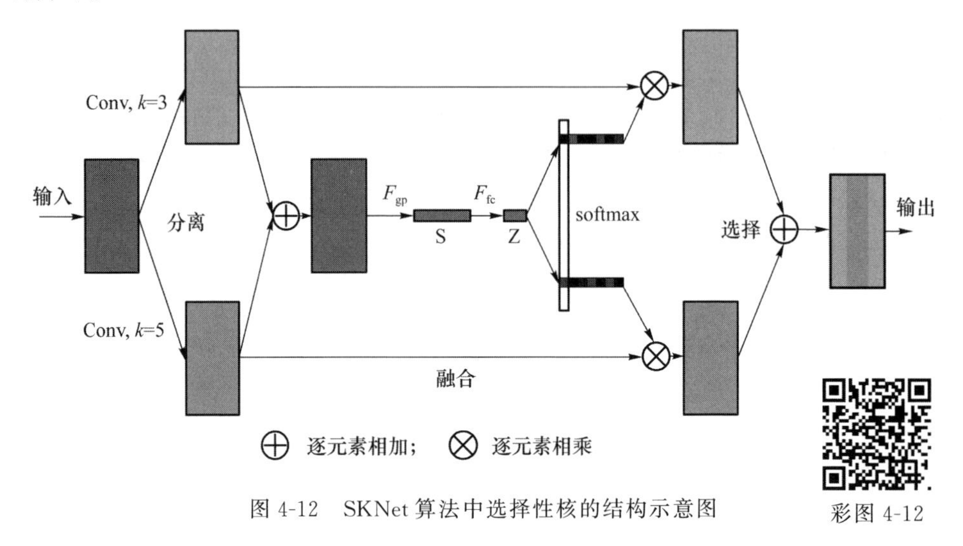

图 4-12　SKNet 算法中选择性核的结构示意图

彩图 4-12

3. 特征自适应选择模块

受到上述 SKNet 算法中动态选择机制的启发，本章设计了特征自适应选择模块，根据局部输入特征从特征金字塔的所有特征映射图上获取多尺度特征表达，在网络训练过程中，对不同特征组成下获取到的候选区域特征表达的优劣进行对比。特征自适应选择模块的结构如图 4-13 所示，其可以分为 3 个部分：特征融合部分、门控权重计算部分以及特征加权集成部分。给定某个候选区域，本章将其映射到特征金字塔不同大小的特征映射层上，并使用感兴趣区域对齐算法获取对应层级上的特征表达，将获得的各层级特征表达$\{P2',P3',P4',P5'\}$统称为感兴趣区域特征金字塔。给定某个候选区域，为了计算不同感受野特征分支中特征的权重大小，首先需要将各分支的特征进行融合。将感兴趣区域特征金字塔各级特征直接进行逐元素相加，然后在空间维度上使用全局平均池化来获取通道级统计特征 s，计算方法如式(4.16)与式(4.17)所示：

$$U=P2'+P3'+P4'+P5' \tag{4.16}$$

$$s_c = F_{gp}(U) = \frac{1}{49}\sum_{i=1}^{7}\sum_{j=1}^{7}U_c(i,j) \tag{4.17}$$

然后使用全连接层对上述通道级统计特征进行处理。在这一部分本章使用了 SE 模块中的瓶颈结构来减少模块引入的额外参数量，全连接层的输出通道数量由缩减系数 r 来决定。因此中间特征 z 的通道数量为 $d=\frac{C}{r}$，计算方式如下：

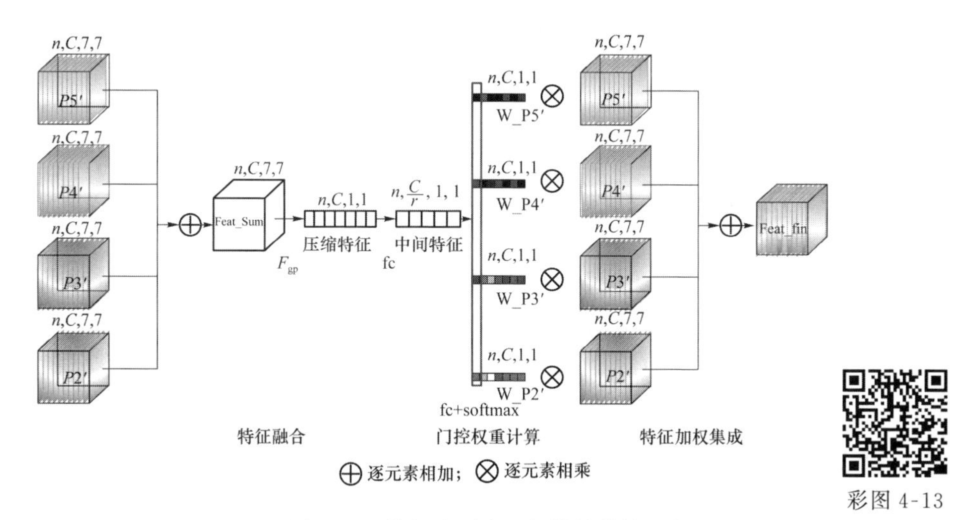

图 4-13　特征自适应选择模块结构示意图

$$z=F_{\mathrm{fc}}(s)=\delta(Ws) \tag{4.18}$$

获取融合后的特征之后，基于该特征进行门控权重的计算。在 Libra R-CNN 以及 PANet 算法中，各层级特征逐通道求和后再取平均值，或使用最大池化的方式获取当前候选区域的特征表达，都能包含在式(4.15)所示的特征自适应选择模块中构建的检测特征层表达式内。本章使用全连接层处理融合后的特征，并在通道层级上进行 softmax 层处理。在每个特征通道 c 上，各层级特征权重可由下式进行计算：

$$W\_P2_c'=\frac{\mathrm{e}^{\boldsymbol{A}_c z}}{\mathrm{e}^{\boldsymbol{A}_c z}+\mathrm{e}^{\boldsymbol{B}_c z}+\mathrm{e}^{\boldsymbol{D}_c z}+\mathrm{e}^{\boldsymbol{E}_c z}} \tag{4.19}$$

$$W\_P3_c'=\frac{\mathrm{e}^{\boldsymbol{B}_c z}}{\mathrm{e}^{\boldsymbol{A}_c z}+\mathrm{e}^{\boldsymbol{B}_c z}+\mathrm{e}^{\boldsymbol{D}_c z}+\mathrm{e}^{\boldsymbol{E}_c z}} \tag{4.20}$$

$$W\_P4_c'=\frac{\mathrm{e}^{\boldsymbol{D}_c z}}{\mathrm{e}^{\boldsymbol{A}_c z}+\mathrm{e}^{\boldsymbol{B}_c z}+\mathrm{e}^{\boldsymbol{D}_c z}+\mathrm{e}^{\boldsymbol{E}_c z}} \tag{4.21}$$

$$W\_P5_c'=\frac{\mathrm{e}^{\boldsymbol{E}_c z}}{\mathrm{e}^{\boldsymbol{A}_c z}+\mathrm{e}^{\boldsymbol{B}_c z}+\mathrm{e}^{\boldsymbol{D}_c z}+\mathrm{e}^{\boldsymbol{E}_c z}} \tag{4.22}$$

其中 $\boldsymbol{A},\boldsymbol{B},\boldsymbol{D},\boldsymbol{E}\in\mathbf{R}^{C\times d}$ 是对应层级感兴趣区域特征的线性变化矩阵，可以将中间特征的 d 维通道数再次映射到 C 个通道上，分别与输入特征的 C 维通道相对应。最后基于学习到的权重分布对输入特征进行加权求和，获得输入候选区域的特征表达。

与 SKNet 算法中提出的选择性核卷积针对整个图像进行处理相比，本章提出的特征自适应选择模块根据候选区域输入，获得不同尺度特征对应的权重分布预测。此外，在选择性核卷积中，会使用批归一化的方式对一同送入网络中的不同图像参数更新进行统计学习，批量进行最终的权重更新。而在本节提出的特征自适应选择模块中，每个候选区域特征单独对模块参数进行更新。此外，针对部分应用场景下不同尺度目标的数量不均衡问题，本章提出的特征自适应选择子网络中使用了多个特征自适应选择模块，对不同尺度范围内目标的权重分布进行学习。

4.3.2 全局注意力特征选择模块

全局注意力特征选择模块能够增强特征金字塔各层级特征层上的重要特征通道，增大关键特征对候选区域特征表达的影响。SENet 以及 GCNet 等算法中指出，在基于卷积神经网络的检测算法中，引入注意力机制可以提高检测模型获得物体特征表达的准确性。但是，上述算法都是在骨干网络中对全局上下文进行构建的，根据全局上下文能够获得输入特征的注意力模型，实现输入特征中无关特征通道上信息的抑制或重要特征通道上信息的增强。在构建特征金字塔结构时，自上而下的特征融合过程可能会导致不同大小特征映射层上特征通道的重要程度发生变化，因此，本节尝试在特征金字塔结构各输出特征层上重新构建全局上下文，基于不同的全局上下文实现不同尺度特征有效特征通道的加强，以此获得更适合多尺度目标检测的特征映射图。

本节基于 GCNet 算法中提出的简化版非局部（SNL）模块来重新构建每个特征映射层的注意力模型。模型训练时，每张显卡每次仅处理单张输入图像，本章去除了 SNL 模块中的归一化层，避免额外的归一化层对模型参数训练的影响。最终使用的注意力构建模块结构如图 4-14 所示。SNL 模块是对非局部模块的简化，非局部模块在特征映射图指定位置上计算当前位置特征与其他位置特征之间的关系，并基于获得的关系映射图对其他位置上的特征进行加权集成，使用集成后的特征对当前位置特征进行增强。在 GCNet 算法中，通过定量计算特征映射图不同位置上获得的关系映射图之间的差异可发现，关系映射图与当前指定位置是无关的。因此，SNL 模块中不同位置上的输出特征计算公式可以进行简化：

$$\boldsymbol{z}_i = \boldsymbol{x}_i + \boldsymbol{W}_v \sum_{j=1}^{N_{\mathrm{p}}} \frac{\mathrm{e}^{\boldsymbol{W}_k \boldsymbol{x}_j}}{\sum_{m=1}^{N_{\mathrm{p}}} \mathrm{e}^{\boldsymbol{W}_k \boldsymbol{x}_m}} \boldsymbol{x}_j \tag{4.23}$$

其中 i 表示当前位置，j 表示遍历输入图像上的其他位置，$\boldsymbol{W}_R$ 以及 $\boldsymbol{W}_v$ 代表线性变换矩阵，网络构建过程中使用卷积核大小为 1×1 的卷积层来实现。基于输入特征图所有位置上特征的加权求和值，可以获得全局上下文信息。获得全局上下文信息后，使用 $\boldsymbol{W}_v$ 对通道的重要程度进行矫正，最后根据矫正后的通道级权重值对输入特征的通道进行加权微调。

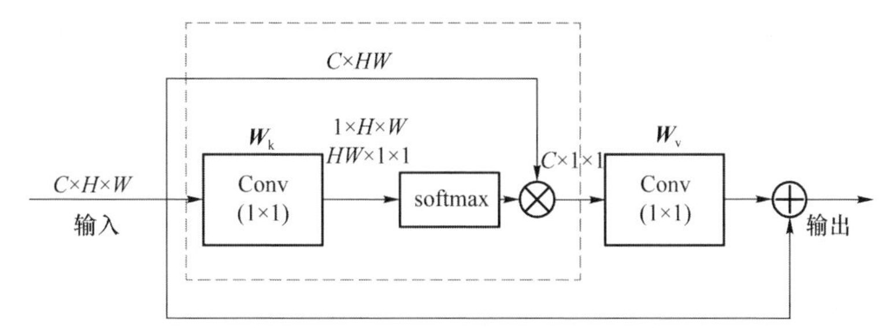

图 4-14 全局注意力特征选择模块中使用的注意力构建模块结构示意图

4.3.3 特征自适应选择子网络

特征自适应选择模块以及全局注意力特征选择模块分别根据候选区域输入以及整个图像的输出特征实现特征的自适应选择。结合使用上述两个模块,就可构成本章提出的特征自适应选择子网络。图 4-16 是将提出的特征自适应选择子网络应用于一般的双阶段目标检测框架时的结构示意图。首先使用全局注意力特征选择模块对特征金字塔中的所有特征映射层重新构建全局注意力,对不同大小特征图上的关键特征通道进行增强。然后将每个候选区域根据其尺度大小送入某个特定的特征自适应选择模块,计算不同尺度特征的权重分布情况。由于数据集中不同尺度的目标数量通常是不均衡的,因此,直接使用单个特征自适应选择模块来学习所有目标的特征权重分布,网络参数学习会向包含更多样本的尺度范围内的目标产生偏移。针对上述问题,本章提出针对某一尺度范围内的目标,采用其对应的特征自适应模块来学习该范围内目标的权重分布情况。本章根据实验结果最终使用 3 个特征自适应选择模块,分别对尺度小于 32×32、尺度大于 96×96 以及尺度处于两个范围之间的目标的权重分布变化进行学习。

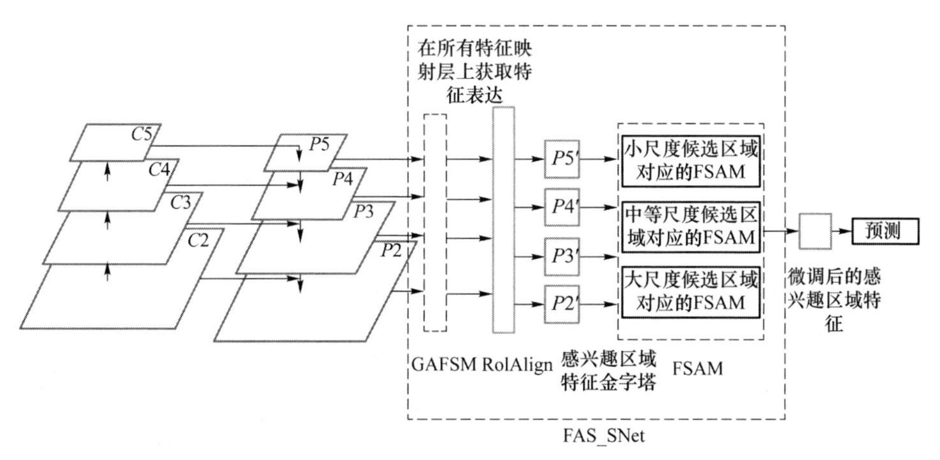

图 4-15 特征自适应选择子网络应用于双阶段目标检测框架时的结构示意图

4.3.4 基于候选区域特征自适应表达的目标检测算法实验结果及分析

本节实验使用两个常用的自然图像数据集 PASCAL VOC 数据集以及 COCO 数据集进行实验。本章对 PASCAL VOC 数据集中具有标注信息的训练集以及测试集上的目标尺度分布情况进行统计。图 4-16 给出了各类别样本面积的最大值、均值以及最小值。可以看到，由于在数据集中物体视角、与镜头距离等不同，因此即便是同类物体，其尺度也存在巨大的差异。

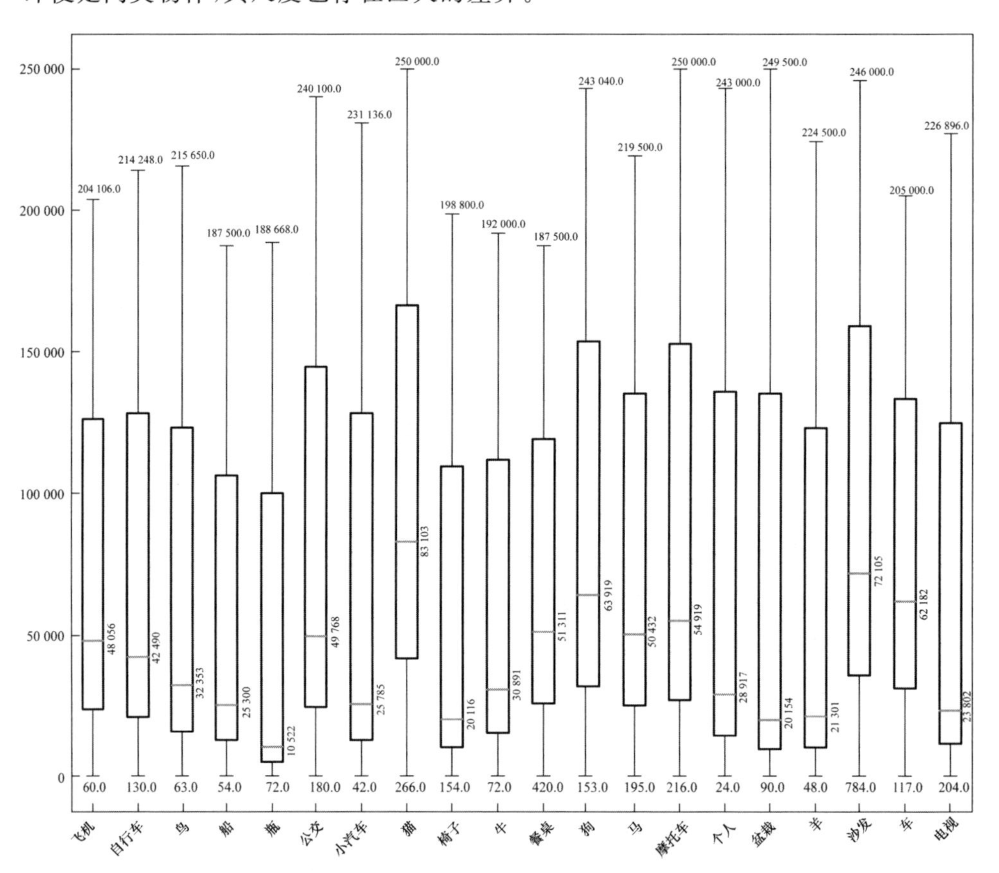

图 4-16 PASCAL VOC 数据集中各类别样本尺度分布

为了快速验证提出方法的有效性，本章在 PASCAL VOC 数据集上进行消融实验，训练时以 VOC2007 以及 VOC2012 的 trainval 子集作为训练集，以 VOC2007 的 test 子集作为测试集。消融实验在单张 NVIDIA RTX 2080 GPU 上进行。在 VOC 数据集上，本章提出的模型一共进行 12 轮迭代训练，初始学习率为 0.001，并在训练到第 9 轮迭代时将学习率设置为 0.000 1。考虑到计算资源的限制，本章将训练过程中的批处理大小设置为1，并取消批归一化层参数的学习。为了能够充分验证提出方法的有效性，本章还在更具挑战性的COCO数据集上进行实验，以COCO2017的train子集作为训练集，val子集作为测试集。COCO数据集上的实验都是使用两张NVIDIA RTX 2080 GPU进行的，训练过程中模型共计进行12轮迭代训练，在第8轮以及第11轮训练后，均以0.1作为因子对学习率进行衰减变化。

1. 各模块效果评估及分析

为了验证提出的特征自适应选择模块以及全局注意力特征选择模块的有效性，本章以使用ResNet50作为骨干网络，且引入特征金字塔结构的Faster R-CNN检测框架作为基础方法进行研究。如表4-7所示，为了更为准确地展示本章所提出模块在进行多尺度目标检测时的有效性，除了在全部测试集上的检测性能mAP外，本章还列出了模型在不同尺度范围内目标上的检测结果。如表4-7中的第2行所示，随着特征自适应选择模块(FASM)的引入，模型整体的检测性能可以提升1.2% mAP，且所有尺度范围内目标的检测性能均有一定的提升。因此，基于自适应特征选择获取到的多尺度特征表达，要优于在原有固定特征组成上获取到的特征表达。特征自适应选择模块的引入使得网络能够根据候选区域输入，对不同尺度特征映射层上的特征进行加权自适应融合，小尺度物体上的性能增长较为明显(AP_S增长了3.23%)，从侧面说明原有的FPN结构在进行高层语义信息向下传递的过程中，特征的逐层衰减不利于小尺度物体获得准确的特征表达。如表4.7中的第3行所示，随着GAFSM的单独引入，所有尺度范围内目标的检测性能均能获得提升，模型在测试集上的整体检测性能mAP由80.48%提升到了81.47%。由此可见，在检测颈结构(即FPN结构)部分，不同大小特征映射层上重新构建各自的全局上下文信息，对特征映射图各通道上的特征进行权重的重计算，有利于增强候选区域获得的多尺度特征表达。最后，将上述两个模块进行融合，构成本章提出的子网络结构FAS-Net，根据检测结果可以看到，本章提出的两个模块在处理多尺度目标检测问题上彼此之间是正交的，两个模块的直接融合可以使模型的检测性能获得进一步的提升，在测试集上整体检测性能mAP提升了1.7%。

表4-7 FAS-Net中不同模块对网络检测性能的影响

检测器	AP_S/%	AP_M/%	AP_L/%	mAP/%
基础模型	43.88	66.27	84.29	80.48
FASM	47.11	68.82	84.88	81.66
GAFSM	45.91	69.85	84.53	81.47
FAS-Net	47.46	69.39	85.17	82.18

2. 超参数设置效果对比与分析

本章提出的 FASM 中存在部分可调的超参数。本节首先对用来控制模块容量以及计算代价的超参数——瓶颈比率 r 对模型性能的影响进行分析。以引入 FPN 结构的 ResNet50 Faster R-CNN 网络为基础，在引入 FASM 时使用不同的瓶颈比率，检测性能的变化情况如表 4-8 所示。瓶颈比率越大，模块引入的参数量越小。可以看到，模型性能是随着瓶颈比率单调递减的，随着模型复杂度的提高，模型的检测性能是在不断提升的。然而，当瓶颈比率设置为 8 时，进一步倍增 FASM 模块引入的参数量，模型的检测性能增长不超过 0.2%，因此，本章其他部分 FASM 中的瓶颈比率均默认设置为 8。

表 4-8　FASM 模块中瓶颈比率对检测性能的影响

瓶颈比例	AP_S/%	AP_M/%	AP_L/%	mAP/%
4	48.13	69.43	84.95	81.84
8	47.11	68.82	84.88	81.66
16	44.52	58.67	84.98	81.27

本节还对最终检测模型中使用 FASM 的数量进行了分析。从理论上来看，仅通过单个 FASM，就可以对目标的特征权重分布进行学习。然而当不同尺度目标训练样本数量存在明显差异时，仅通过单个 FASM 对所有尺度范围内目标的特征权重分布进行学习是十分困难的，模型的参数会偏向于样本数量更多的尺度范围内目标的权重分布学习。在 TridentNet 中，Li 等人为了解决多尺度目标检测问题，构建了一种平行多分支的网络结构，并在训练过程中对一定尺度范围内的目标进行采样，对具有不同感受野大小的分支分别进行训练。受到这种“分而治之”思想的启发，本章尝试使用多个 FASM，分别对不同尺度范围内目标的特征权重分布进行学习。权重分布是基于候选区域输入进行在线学习的，因此与 FPN 直接指定在某一特定层上获取候选区域的特征表达相比，本章方法在尺度划分边界处、尺度相近目标的判别特征之间的差异相对较小。如表 4-9 所示，本章使用不同数量的 FASM 观察最终检测性能的变化。

表 4-9　不同数量的 FASM 对检测性能的影响

FASM 数量	AP_S/%	AP_M/%	AP_L/%	mAP/%
0	43.88	66.27	84.29	80.48
1	45.02	67.28	84.47	80.70
3	**47.11**	**68.82**	84.88	**81.66**
4	44.24	68.68	**84.94**	81.53

FASM 数量为 0 对应基础模型的检测结果。在默认情况下,模型中包含 3 个 FASM,分别对应学习尺度范围在$(0,32^2]$、$(32^2,96^2]$以及$(96^2,\mathrm{img_h}\times\mathrm{img_w}]$中目标的特征权重分布情况。当使用 4 个 FASM 时,本章将大尺度目标进行进一步的细分,划分为$(96^2,160^2]$以及面积大于160^2两种情况。模型检测性能受到 FASM 数量的影响,在模型中使用 3 个 FASM 时可以获得最优的检测结果。可以看到,增加 FASM 数量时,进一步细分尺度范围上目标的检测性能可以获得进一步地提升,然而,其他尺度范围上目标的检测性能会下降,尺度差异越大,性能下降越明显。由于对大尺度目标进行了进一步细分,小尺度目标上的检测性能相较于使用 3 个 FASM 时下降了 2.87%。这可能是因为对新增分支尺度范围内目标的权重分布进行学习时,会对骨干网络的参数学习也产生较大的影响,进而使模型在其他尺度范围内目标的检测性能下降。

3. 特征自适应选择模块权重分布量化分析

为了更好地理解特征自适应选择模块的作用,直观分析不同尺度目标多尺度判别特征获取过程中,不同层级特征映射图上特征的权重变化情况,本章对特征自适应选择模块学习到的特征权重进行计算与对比。测试图像送入网络时,可以从 FASM 中获取特定目标对应到指定特征映射图的每个通道上的权重值大小。不同尺度特征在最终特征表达中所占权重值大小,可以由各通道上权重值的平均值来进行衡量。因此,特征映射层 P_i'上的权重分布的计算公式如下:

$$\mathrm{weight\_for\_}P_i' = \frac{1}{N}\sum_{n=1}^{N}\sum_{c=1}^{C} W\_Pi'_{n,c} \tag{4.24}$$

其中 N 表示测试集上大小处于特定尺度范围内的目标数量。如表 4-10 所示,仅使用单个 FASM 时,权重定量计算的分布趋势与先验经验保持一致,对大尺度目标来说,高层特征映射层上特征的权重相较于其他尺度特征的权重更大,而随着目标尺度的减小,低层特征映射层上特征的权重会不断增加。此外,从表 4-10 中的权重计算结果来看,不论目标尺度在哪个范围内,不同尺度的特征在最终获得的特征表达中的权重都不会为 0,所以 PANet 算法中提出的自适应特征池化的方法才能够相较于特征金字塔结构获得更优的特征表达。接下来对比使用 3 个 FASM 时权重分布学习上的变化,可以看到虽然单个 FASM 可以学习到正确的权重分布趋势(目标尺度变小,底层特征映射层 $P2'$ 上的特征的权重值从 18.35% 提升到 20.70%)。然而其距离最优权重分布的学习还具有较大的差距。从表 4-10 中的第 4 行可以看到,对于小尺度目标,在低层级特征层 $P2'$、$P3'$ 上的权重值应该更大。网络训练过程中,由于小尺度目标对应候选区域正样本的数量远小于其他尺度目标对应的候选区域正样本数量,这一正确分布结果是很难通过短期的训练迭代实现的。通过以上权重分布趋势的定量化,有效验证了本章提出的特征自适应选择模块可以根据局部输入的情况，自适应学习出更优的权重分布变化。

表 4-10　感兴趣区域特征金字塔上特征自适应选择模块学习到的权重结果

FASM 数量	分支	$P2'$权重	$P3'$权重	$P4'$权重	$P5'$权重
1	小尺度候选区域	0.207 0	0.234 3	0.242 1	0.316 6
	中等尺度候选区域	0.194 9	0.226 7	0.242 2	0.336 2
	大尺度候选区域	0.183 5	0.215 6	0.237 2	0.363 7
3	小尺度目标对应的 FASM	0.268 3	0.278 5	0.238 7	0.214 4
	中等尺度目标对应的 FASM	0.220 9	0.253 3	0.262 2	0.263 6
	大尺度目标对应的 FASM	0.190 3	0.212 2	0.221 2	0.376 3

4. 方法有效性以及通用性评估

为了验证提出的特征自适应子网络在处理多尺度问题时的有效性以及模型的通用性，本章在多个具有特征金字塔结构的双阶段目标检测器上添加了本章提出的模型进行实验。如表 4-11 所示，本章首先在 PASCAL VOC 数据集上进行实验。除了基础检测结构 Faster R-CNN 检测器外，本章还将骨干网络替换成 GCNet 以及可变形卷积网络。此外，本章还与具有相似改进思路的 Libra R-CNN 检测器以及 PANet 检测器的检测性能进行对比（此处仅复现并对比了与 FPN 结构改进相关的部分）。可以看到，本章提出的特征自适应选择子网络在引入少量额外参数的条件下，可以有效提高各检测模型在所有尺度范围内目标上的检测性能。在 PASCAL VOC 数据集上，小尺度物体上的检测性能具有较为明显的提升，平均可提高 3.9%。最后，本章在 FPN 的基础上添加了 PANet 中自下而上的扩充路径以及自适应特征池化结构，并将其与本章提出的方法进行对比。如表 4-11 所示，本章提出的模型在额外参数量引入较少的前提下（163 132 KB/175 449 KB）获得了相对更优的检测性能（mAP82.18/mAP81.39），根据检测性能变化可以看到，基于本章设计的特征自适应选择模块获得检测特征层，与直接进行主通道特征相加或是取最大值相比能够获得更加准确的特征表达。

表 4-11　使用和未使用 FAS-Net 子网络对网络在 PASCAL VOC 数据集上多尺度检测性能的影响

检测器	模型大小/KB	AP_S/%	AP_M/%	AP_L/%	mAP/%	FPS
FPN	161 617	43.88	66.27	84.29	80.48	22.5
FPN+FAS-Net	163 132	47.36	69.39	85.17	82.18	17.8
GCNet	171 484	49.27	68.24	84.66	81.74	21.1
GcNet+FAS-Net	173 000	52.68	69.97	85.58	82.21	16.6

续表

检测器	模型大小/KB	AP_S/%	AP_M/%	AP_L/%	mAP/%	FPS
DCN	165 024	41.08	68.71	86.17	82.85	20.8
DCN+FAS-Net	166 539	47.32	70.47	86.51	83.46	16.9
Libra R-CNN	162 646	49.91	68.29	84.81	81.62	21.9
Libra R-CNN+FAS-Net	164 162	52.38	69.88	85.10	82.10	17.0
PANet	175 449	45.70	68.26	84.73	81.39	17.1

为了进一步验证提出模型的通用性，本章在更具挑战性的 COCO 检测数据集上进行实验。如表 4-12 所示，本章提出的方法在所有评测指标上均获得了稳定的性能提升。最后，本章还尝试将提出的特征自适应选择子网络应用于实例分割任务中。如表 4-13 所示，本章提出的方法在更为复杂的实例分割任务上，依旧可以获得平均 1%的性能提升。如图 4-17 所示，对部分分割结果进行可视化可以看到，由于特征自适应选择模块引入底层特征层上的特征，因此在大尺度目标的分割结果中，本章的方法在部分细节处理上(如人的腿部、斑马的头部与腿部)可以获得更优的结果。

表 4-12 FAS-Net 子网络对网络在 COCO 数据集上多尺度检测性能的影响

检测模型	AP@0.5:0.95/%	AP@0.5/%	AP@0.75/%	AP_S/%	AP_M/%	AP_L/%
FPN	35.75%	57.12%	38.52%	20.54%	39.31%	45.67%
FPN+FAS-Net	36.75%	59.14%	39.22%	22.19%	40.69%	46.12%
Mask R-CNN	36.63%	57.84%	39.53%	21.35%	40.02%	47.30%
Mask R-CNN+FAS-Net	37.39%	59.52%	40.09%	22.17%	41.49%	47.69%

表 4-13 FAS-Net 子网络对网络在 COCO 数据集上实例分割性能的影响

检测模型	AP@0.5:0.95/%	AP@0.5/%	AP@0.75/%	AP_S/%	AP_M/%	AP_L/%
Mask R-CNN	35.75%	57.12%	38.52%	20.54%	39.31%	45.67%
Mask R-CNN+FAS-Net	36.75%	59.14%	39.22%	22.19%	40.69%	46.12%

(a) Mask R-CNN(不使用FAS-Net子网络)

(b) 本章方法(使用FAS-Net子网络)

彩图 4-17

图 4-17　使用和不使用 FAS-Net 子网络对实例分割结果的影响

本章小结

本章以现有基于卷积神经网络的检测框架为基础，针对如何在全部候选区域中为检测网络分类分支与回归分支选择重要候选区域正样本，如何为不同尺度候选区域获取特征表达进行研究，提出了基于交并比指引的目标检测算法和基于候选区域特征自适应表达的目标检测算法。基于交并比指引的目标检测算法根据候选区域正样本交并比的差异，对样本在网络分类分支与回归分支上的损失进行调整，可以在不引入额外参数的条件下，提升模型在各尺度目标上的检测性能。基于候选区域特征自适应表达的目标检测算法设计了特征自适应选择模块和全局注意力特征选择模块。特征自适应选择模块基于候选区域输入提高多尺度特征表达的准确性。基于全局注意力的特征选择模块在特征金字塔的每个特征映射层上重新构建全局上下文信息，对有效信息通道进行增强。通过大量实验，证明了本章所提出方法的有效性。

第5章 基于视觉信息的目标跟踪方法

目标遮挡、尺度变化以及背景杂波等一直都是基于视觉信息的目标跟踪领域的难点问题，影响了跟踪算法的准确性和鲁棒性。针对上述问题，本章主要探索目标运动模型和具有背景抑制能力的判别式相关滤波器在目标跟踪算法中的应用，着重研究了如何利用运动模型和判别式相关滤波器提升视觉目标跟踪算法的性能和运行速度。具体而言，针对单目标和多目标跟踪两类任务，本章分别介绍了运动引导的孪生网络视觉单目标跟踪算法和两阶段在线视觉多目标跟踪算法，并通过实验验证了它们的有效性。

5.1 问题与分析

基于孪生网络的视觉单目标跟踪算法是单目标跟踪领域中的一类代表性方法，该类方法使用目标在跟踪起始帧图像中的外观作为目标模板，用以目标的宽高为基础进行相应倍数扩展得到的区域作为待搜索区域，把目标模板和待搜索区域输入孪生网络进行特征提取，再使用相关或回归等操作对目标在待搜索区域的位置进行预测，从而实现目标跟踪。同时，为了保持跟踪的稳定性，基于孪生网络的视觉单目标跟踪算法通常在整个跟踪过程中一直使用目标在跟踪起始帧的外观作为跟踪的目标模板，且在后续跟踪帧不更新目标模板。然而，当目标的背景区域具有纹理或颜色和目标相似的物体时(即在背景杂波场景时)由于跟踪过程中目标的外形在不断地发生变化而孪生网络跟踪器的目标模板不变，因此跟踪算法预测的目标位置可能会漂移到背景中和目标模板纹理或颜色相似的其他物体上，从而发生跟踪漂移。如图5-1所示，在第一行的篮球比赛场景，待跟踪的目标周围存在纹理或颜色和目标相似的物体，当目标的外形相较于第一帧中目标模板的外形发生变化，而背景中存在和目标模板相似的物体时，基于孪生网络的视觉单目标跟踪算法容易跟踪漂移到背景中与目标相似的物体上。因而，基于孪生网络的视觉单目标跟踪算法在背景杂波场景时容易发生跟踪漂移的问题需要进行探索和研究。

彩图 5-1

—— Siam FC;　　—— SiamRPN_DW;　　—— 真值

图 5-1　基于孪生网络的视觉单目标跟踪算法在背景杂波场景发生跟踪漂移示例

在多目标跟踪领域，目前算法通常同时使用目标的空间特征和时序运动信息等时空信息构建代价函数，再使用二分图匹配算法或基于机器学习的数据关联方法根据代价函数进行数据关联，得到目标与检测边界框的关联关系，从而得到多目标跟踪结果。一般来说，当在线多目标跟踪算法追求优越的跟踪性能时，算法通常需要设计较复杂的时空特征和代价函数，以拟合目标的实际外观变化以及克服复杂的跟踪场景对跟踪算法性能的影响。而当在线多目标跟踪算法追求快速的运行速度时，算法通常又需要牺牲跟踪性能。因此，在线视觉多目标跟踪算法通常难以在跟踪性能和运行速度上取得平衡。同时，在线视觉多目标跟踪算法通常使用目标和检测边界框的空间特征的相似度构建表观相似度代价函数，这种代价函数对目标背景中和目标纹理或颜色相似的物体的抑制能力较弱，使得算法较易跟踪漂移到目标背景中和目标纹理或颜色相似的物体上。因而，在线视觉多目标跟踪算法中的目标飘移问题需要进行探索和研究。

5.2 运动引导的孪生网络视觉单目标跟踪算法

针对基于孪生网络的视觉单目标跟踪算法的跟踪漂移问题，本节提出了一种运动引导的孪生网络视觉单目标跟踪算法，算法的框架如图 5-2 所示。首先，使用基于孪生网络的视觉单目标跟踪算法对目标的位置进行预测，得到目标在后续帧的预测位置。由于基于孪生网络的视觉单目标跟踪算法使用目标模板区域和待搜索区域的空间卷积特征进行跟踪，其预测的目标位置可能会因背景中纹理或颜色和目标相似物体而发生跟踪漂移。当基于孪生网络的视觉单目标跟踪算法发生跟踪漂移时，预测的目标运动轨迹在时序上可能不平滑。然后，根据目标的运动轨迹对目标的位置和长宽进行建模，构建目标的运动模型，使用目标的运动模型对目标的后续运动轨迹进行预测，运动模型预测的目标运动轨迹在时序上是平滑的。因此，可以根据这两段运动轨迹的重合度判断目标是否可能发生跟踪漂移。当两段运动轨迹重合度高时，判断目标的运动符合常识，即其在时序上的运动轨迹是平滑的，判断跟踪算法没有发生跟踪漂移。而当两段运动轨迹重合度较低时，判断目标的运动不符合常识，判断跟踪算法可能发生了跟踪漂移。最后，当判断跟踪算法可能发生跟踪漂移时，跟踪算法通常都是跟踪漂移到目标周围背景中纹理或颜色和目标相似的物体上。因此，使用具有背景抑制能力的判别式相关滤波器构造判别模型对目标的最终位置进行预测。同时，提出一种更加灵活的方法对判别模型进行更新。

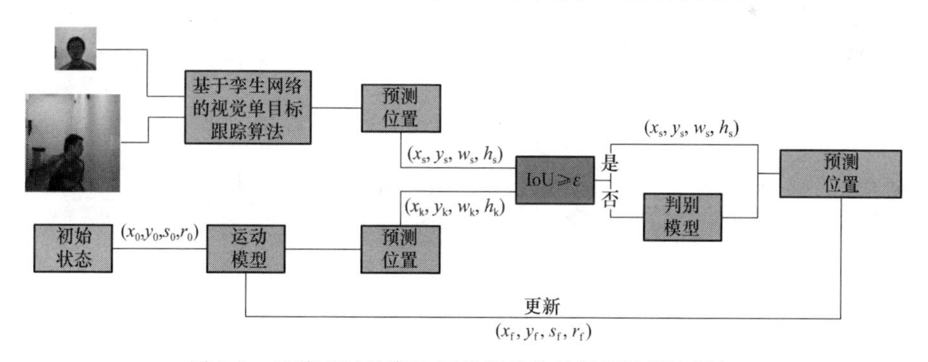

图 5-2 运动引导的孪生网络视觉单目标跟踪算法框架

5.2.1 基于孪生网络的视觉单目标跟踪算法

基于孪生网络的视觉单目标跟踪算法的框架如图 5-3 所示。首先，其分别从跟踪起始帧和当前跟踪帧以目标宽高的相应倍数进行区域扩展从而选定目标模板区域和待搜索区域，扩展方法如式(2.42)所示。计算得到目标模板区域和待搜索区域的范围后，若超出了图像区域，则对超出区域进行填充，填充值为图像所有像素的均值。目标模板区域和待搜索区域的图像块如图 5-4 所示。

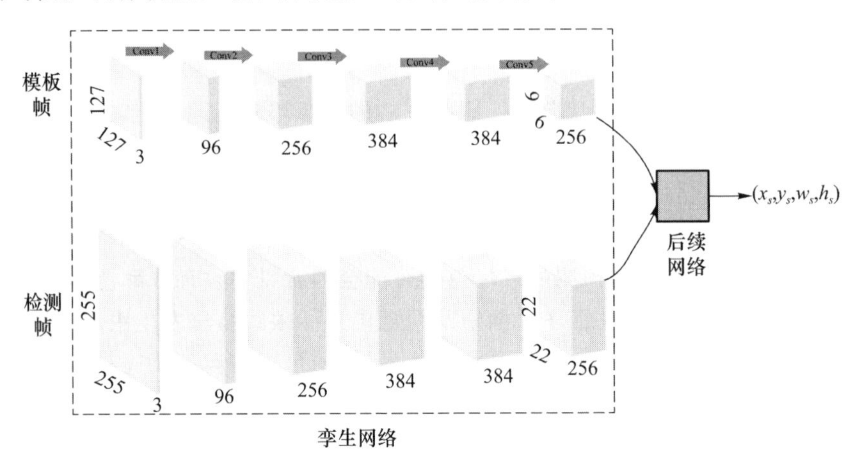

图 5-3　基于孪生网络的视觉单目标跟踪算法的框架

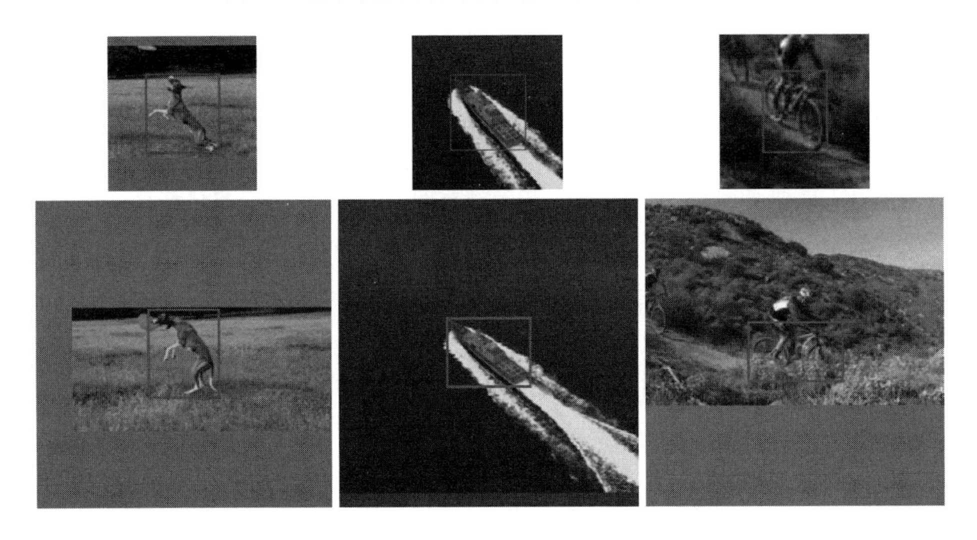

图 5-4　目标模板区域和待搜索区域示意图

根据式(2.42)，可以选定目标模板区域和待搜索区域，再把它们输入到孪生网络便可以得到它们对应的空间特征，然后再基于这些空间特征进行目标跟踪。基于孪生网络的视觉单目标跟踪算法是使用类似度量学习的思想进行视觉跟踪的，其基本形式如下：

$$f(x,z)=g(\varphi(x),\varphi(z)) \tag{5.1}$$

其中，x 和 z 分别为目标模板区域和待搜索区域，φ 表示由卷积神经网络构造的转换函数，$\varphi(x)$ 和 $\varphi(z)$ 分别为由孪生网络提取的目标模板区域的空间特征和待搜索区域的空间特征，g 是相似性度量函数。

式(5.1)定义了基于孪生网络的视觉单目标跟踪算法的基本形式。本节将引入两种具有代表性的算法作为本章的基准算法，其中一种为 SiamFC 算法，另一种为 SiamRPN_DW 算法。使用这两种算法作为的基准算法，能够有效地说明本章所提出算法的有效性和泛化性。

SiamFC 算法使用孪生网络对目标模板区域和待搜索区域进行特征提取，然后使用相关操作计算目标模板区域的空间特征和待搜索区域的空间特征的相似度。即在 SiamFC 算法中，式(5.1)中的 g 为简单的矩阵内积操作，SiamFC 算法的基本框架如图 5-5 所示。因此，对于 SiamFC 算法，目标模板区域和待搜索区域的相似度表现为一个单通道的响应图，其定义为

$$f(x,z)=\varphi(x) * \varphi(z) \tag{5.2}$$

其中，$*$ 表示互相关操作。然后，便可以使用式(5.3)预测目标的位置，公式定义为

$$p=\underset{p}{\arg\max}\,\varphi(x) * \varphi(z) \tag{5.3}$$

其中，p 为预测目标位置的中心点坐标。

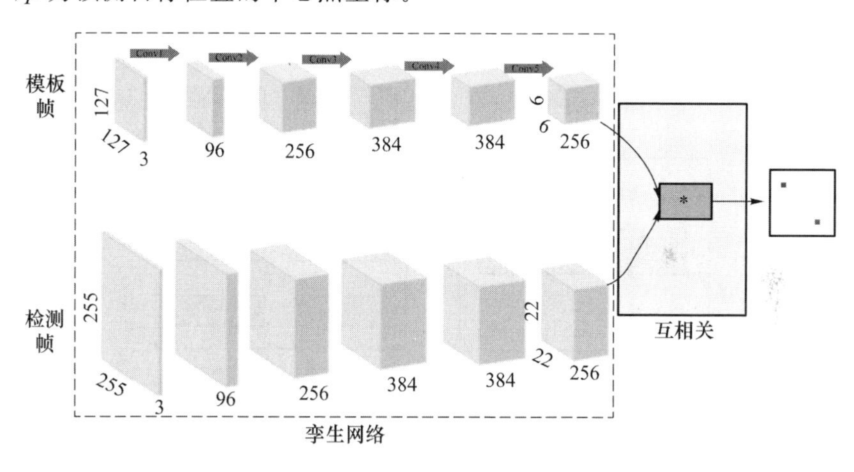

图 5-5 SiamFC 算法的基本框架

和 SiamFC 算法一样，SiamRPN_DW 算法使用式(2.42)确定目标模板区域和待搜索区域，然后使用孪生网络进行特征提取。然而，不同于 SiamFC 算法使用相关操作预测目标的位置，SiamRPN_DW 算法使用 RPN 和 Depthwise Cross Correlation (DW-Corr)进行目标位置的估计，其基本框架如图 5-6 所示。具体来说，对于 SiamRPN_DW 算法，目标模板区域的空间卷积特征 $\varphi(x)$ 和待搜索区域的空间卷积特征 $\varphi(z)$ 都输入一个 conv-bn 块，得到调整后的适合目标位置回归和目标识别的特征。然后，再使用 DW-Corr 操作对调整后的目标模板区域特征和待搜索区域特征进行逐通道的相关操作，并在其后使用一个 conv-bn-relu 块对不同层的特征进行混合。最后，使用卷积操作实现 RPN 的功能，即实现目标位置的回归

和目标前、后景的识别。SiamFC 算法和 SiamRPN 算法在目标模板区域和待搜索区域的位置确定和特征提取部分的实现基本相同，只是在目标的位置估计部分有所不同，为了能够更加清楚地区分 SiamFC 算法和 SiamRPN 算法，图 5-7 中给出了一个能够清楚显示它们之间区别的示意图。

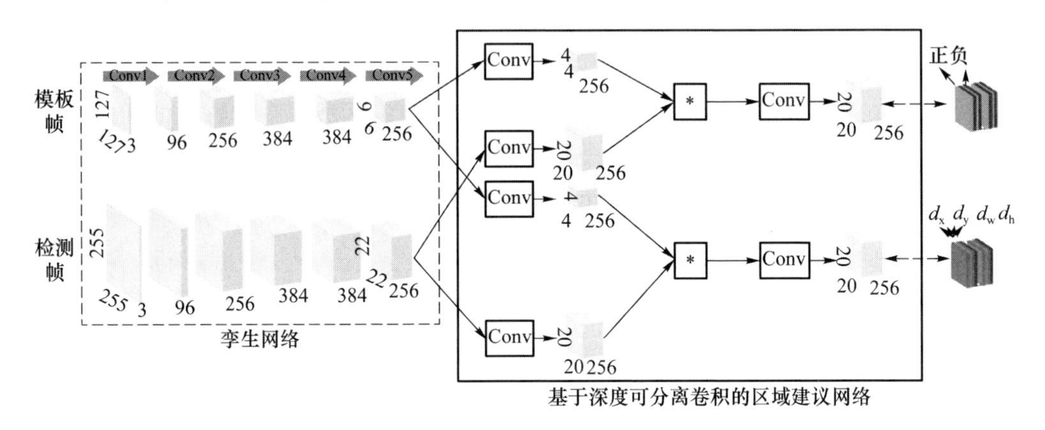

图 5-6　SiamRPN_DW 算法的基本框架

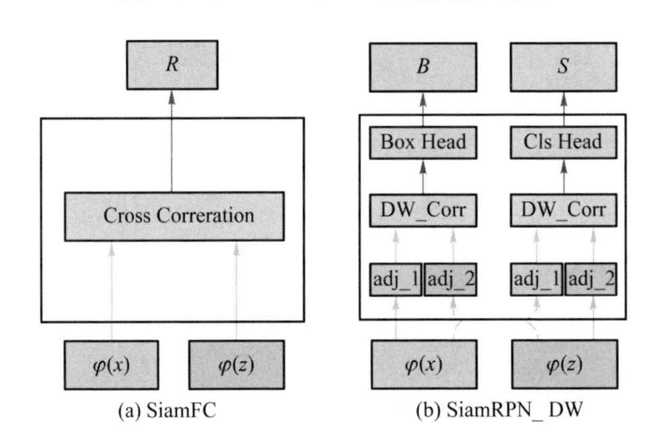

图 5-7　SiamFC 算法和 SiamRPN_DW 算法的比较

SiamFC 算法通过使用目标模板区域的空间卷积特征对待搜索区域的空间卷积特征进行相关，将相关度最大的区域作为目标的预测位置。然而，SiamFC 算法没有对目标的尺度进行回归，这会影响算法的跟踪性能。而 SiamRPN_DW 算法使用两个分支分别进行目标位置的确定和目标位置的精细调整，使用不同的卷积层对目标模板区域的空间卷积特征对待搜索区域的空间卷积特征进行卷积，得到适合预测目标位置、精细调整目标位置和宽高的特征，使得算法具有更加鲁棒的跟踪效果。同时，RPN 的使用也可以使算法直接回归目标的尺度。因此，相较于 SiamFC 算法，SiamRPN_DW 算法的跟踪效果更佳。然而，SiamFC 算法作为一种经典的孪生网络跟踪器，本章也将对其进行比较和分析。

5.2.2 运动模型

基于孪生网络的视觉单目标跟踪算法使用跟踪起始帧图像中的目标表观模型作为目标模板进行跟踪，为了保持稳定的跟踪，该算法通常不对目标模板进行更新。然而，在背景杂波场景时，基于孪生网络的视觉单目标跟踪算法容易跟踪漂移到背景中纹理或颜色和目标相似的物体上。因此，在本节，使用目标的运动模型引导基于孪生网络的视觉单目标跟踪算法，使其能够在背景杂波场景时避免发生跟踪漂移。首先，根据目标的运动轨迹，使用卡尔曼滤波器对其进行建模，构建目标的运动模型。然后，使用目标的运动模型估计目标的位置和长宽。已知使用运动模型预测的目标轨迹在时序上是平滑的，而基于孪生网络的视觉单目标跟踪算法在背景杂波场景中发生跟踪漂移时，其预测的目标的位置和之前的运动轨迹在时序上可能是不平滑的。因此，可以通过计算目标运动模型预测的目标运动轨迹和基于孪生网络的视觉单目标跟踪算法预测的目标运动轨迹的重合度来判断跟踪算法是否可能发生跟踪漂移。为了构建运动模型，引入卡尔曼滤波器的过程方程和测量方程，其定义为

$$\begin{aligned} \boldsymbol{x}_k &= \boldsymbol{F}\boldsymbol{x}_{k-1} + \boldsymbol{B}\boldsymbol{u}_k + \boldsymbol{q}_k \\ \boldsymbol{z}_k &= \boldsymbol{H}\boldsymbol{x}_k + \boldsymbol{r}_k \end{aligned} \tag{5.4}$$

其中，$\boldsymbol{x}_{k-1}$ 表示当前状态的状态向量(时刻)，$\boldsymbol{x}_k$ 表示下一状态的状态向量(时刻)，$\boldsymbol{z}_k$ 表示下一状态的观察(或者说测量)状态向量(时刻)，$\boldsymbol{q}_k$ 表示过程噪声，$\boldsymbol{r}_k$ 表示观察噪声，$\boldsymbol{F}$ 表示状态转移矩阵，$\boldsymbol{B}$ 表示控制矩阵，$\boldsymbol{H}$ 表示观察矩阵。式(5.4)引入的是卡尔曼滤波器的预测方程，为了对卡尔曼滤波器的状态向量进行更新还需要更新方程。因此，卡尔曼滤波器假设目标的运动符合高斯分布，可以得到以下公式：

$$\begin{cases} \boldsymbol{x}_{k|k-1} = \boldsymbol{F}\boldsymbol{x}_{k-1|k-1} + \boldsymbol{B}\boldsymbol{u}_k \\ \boldsymbol{P}_{k|k-1} = \boldsymbol{F}\boldsymbol{P}_{k-1|k-1}\boldsymbol{F}^{\mathrm{T}} + \boldsymbol{Q}_k \\ \boldsymbol{x}_{k|k} = \boldsymbol{x}_{k|k-1} + \boldsymbol{K}_k(\boldsymbol{z}_k - \boldsymbol{H}_k\boldsymbol{x}_{k|k-1}) \\ \boldsymbol{P}_{k|k} = \boldsymbol{P}_{k|k-1} + \boldsymbol{K}_k\boldsymbol{H}_k\boldsymbol{P}_{k|k-1} \\ \boldsymbol{K}_k = \boldsymbol{P}_{k|k-1}\boldsymbol{H}_k^{\mathrm{T}}(\boldsymbol{H}_k\boldsymbol{P}_{k|k-1}\boldsymbol{H}_k^{\mathrm{T}} + \boldsymbol{R}_k)^{-1} \end{cases} \tag{5.5}$$

其中，k 和 $k-1$ 表示时序，在跟踪中则分别表示跟踪视频的第 k 帧和第 $k-1$ 帧。$\boldsymbol{P}$ 表示状态矩阵 $\boldsymbol{x}$ 的协方差矩阵，$\boldsymbol{K}$ 表示卡尔曼增益，$\boldsymbol{Q}_k$ 和 $\boldsymbol{R}_k$ 分别表示噪声 $\boldsymbol{q}_k$ 和噪声 $\boldsymbol{r}_k$ 的协方差矩阵。

根据式(5.5)，如果要构造目标的运动模型，需要对目标的运动状态进行构建，定义目标的状态为

$$x = [u, v, a, r, \dot{u}, \dot{v}, \dot{a}] \tag{5.6}$$

其中，u 表示目标中心点在水平坐标轴的位置，v 表示目标中心点在垂直坐标轴的

位置，a 表示目标框的面积，r 表示目标框的长宽比，$\dot{u}$、$\dot{v}$ 和 $\dot{a}$ 为 u、v、a 对应的控制变量。之所以不设置 r 的控制变量，是因为视觉单目标跟踪中第一帧目标的位置和长宽通常是准确的，这样设置可以对目标长宽有一个较好的约束。

综上所述，可以先使用卡尔曼滤波器的方法对目标的运动轨迹建模，构建目标的运动模型，然后使用目标的运动模型判断是否可能发生跟踪漂移。首先，利用跟踪起始帧中标注的目标位置和宽高的真实值，即(x_0, y_0, w_0, h_0)，对目标的运动模型进行初始化，并在后续跟踪帧使用构建好的运动模型对目标的位置进行预测，预测的目标位置表示为(x_k, y_k, w_k, h_k)。同时，使用基于孪生网络的视觉单目标跟踪算法对当前跟踪帧的目标位置进行预测，得到预测的目标位置(x_s, y_s, w_s, h_s)。然后，计算运动模型估计的目标的运动轨迹和孪生网络估计的运动轨迹的重合度，即计算(x_k, y_k, w_k, h_k)和(x_s, y_s, w_s, h_s)的重叠率。如果计算得到的重叠率大于指定阈值 ε，则认为它们重合度较好，没有发生跟踪漂移，此时的预测的目标位置为(x_s, y_s, w_s, h_s)。否则，认为可能发生跟踪漂移。而可能发生跟踪漂移时，一般都是跟踪漂移到目标周围背景中颜色或纹理和目标相似的物体上。使用判别式相关滤波器构建一个判别模型来判断目标的最终位置，是因为判别式相关滤波器可以抑制目标周围背景中颜色或纹理和目标相似的物体的响应，从而在一定程度上避免跟踪漂移。最后，根据最终预测的目标位置对运动模型进行更新。

5.2.3 判别模型

前文介绍了如何判断基于孪生网络的视觉单目标跟踪算法是否可能发生跟踪漂移。当未发生跟踪漂移时，使用基于孪生网络的视觉单目标跟踪算法预测的目标位置作为目标的最终位置。当可能发生跟踪漂移时，使用判别式滤波器算法——CSRDCF 对目标的外观构建一个判别模型，再使用这个判别模型进行目标位置的确定。同时，为了防止因错误更新而使判别模型减弱甚至丧失对背景中干扰物体的抑制能力，在可能发生跟踪漂移时，不对判别模型进行更新。只有当跟踪漂移未发生时，才对判别模型进行更新以适应目标外形的变化。

传统的判别式滤波器算法使用脊回归对目标构建判别模型，其基本形式为

$$\operatorname{argmin} \sum_{d=1}^{N_d} \| \boldsymbol{f}_d * \boldsymbol{h}_d - \boldsymbol{g} \|^2 + \lambda \sum_{d=1}^{N_d} \| \boldsymbol{h}_d \|^2 \tag{5.7}$$

其中，N_d 为特征的通道数，$\boldsymbol{f}_d$ 为给定的样本特征，$\boldsymbol{h}_d$ 为待求解的相关滤波器，$\boldsymbol{g}$ 为人工设定的符合高斯分布的标签，λ 为正则化系数。

式(5.7)可以使用循环矩阵和快速傅里叶变换进行快速求解，但是同时也会引入边界效应的问题。因此，CSRDCF 算法引入一个空间置信图，让判别式相关滤波器主要关注目标区域，从而减轻边界效应。为了求出空间置信图，CSRDCF 算法从概率模型的角度出发认为置信图中每一个点 $m \in \{0,1\}$ 和像素点 x 以及目标的外

观 y 有关，根据贝叶斯公式推出

$$p(m=1|y,x)\propto p(y|m=1,x)p(x|m=1)p(m=1) \tag{5.8}$$

其中，$p(y|m=1,x)$可以通过前景和背景的颜色直方图求出，$p(m=1)$为先验概率，可以通过前景和背景的区域大小的比值求出，$p(x|m=1)$表示了可靠区域的位置概率，可以通过 Epanechnikov 核函数求出，具体见参考文献[256]。

通过式(5.8)可以求出空间置信图 m。因此，可以对式(5.7)进行求解。为了更加直观显示推导过程，算法将多通道特征假定为单通道，有如下公式：

$$\operatorname{argmin} \|\boldsymbol{f}_d * \boldsymbol{h}_m-\boldsymbol{g}\|^2+\frac{\lambda}{2}\|\boldsymbol{h}_m\|^2 \tag{5.9}$$

其中 $\boldsymbol{h}_m=\boldsymbol{m}\odot\boldsymbol{h}$。为了对式(5.9)进行求解，需要构建增广拉格朗日表达式，公式如下所示：

$$\begin{aligned}&\operatorname{argmin} \|\boldsymbol{f}_d * \boldsymbol{h}_c-\boldsymbol{g}\|^2+\frac{\lambda}{2}\|\boldsymbol{h}_m\|^2 \\ &\text{s.t. } \boldsymbol{h}_c-\boldsymbol{h}_m=0\end{aligned} \tag{5.10}$$

为进一步对式(5.10)进行求解，可以使用循环矩阵、快速傅里叶变换以及交替方向乘子算法(ADMM)进行求解，得到

$$\begin{cases}\hat{\boldsymbol{h}}_c=\dfrac{\hat{\boldsymbol{f}}\odot\bar{\hat{\boldsymbol{g}}}+\mu\hat{\boldsymbol{h}}_m-\boldsymbol{I}}{\hat{\boldsymbol{f}}\odot\bar{\hat{\boldsymbol{f}}}+\mu} \\ \boldsymbol{h}=\boldsymbol{m}\odot\dfrac{\mathscr{F}^{-1}(\hat{\boldsymbol{I}}+\mu\hat{\boldsymbol{h}}_m)}{\dfrac{\lambda}{2D}+\mu}\end{cases} \tag{5.11}$$

其中，符号¯表示共轭矩阵，符号^表示傅里叶变换，$\mathscr{F}^{-1}$表示傅里叶逆变换，$\boldsymbol{I}$ 为拉格朗日乘子，μ 为约束惩罚项，D 为傅里叶变换矩阵的维度。

通过式(5.11)可以求解出空间约束后的单通道特征的目标的判别模型，而算法使用多通道特征进行目标判别模型的构建。因此，对于不同的通道特征，算法从学习可靠性和检测可靠性两方面构建不同通道的相关滤波器的权值，然后通过加权平均求出最终目标的判别模型。其中，学习可靠性定义为

$$w_d=\zeta\max(\boldsymbol{f}_d * \boldsymbol{h}_d) \tag{5.12}$$

其中 ζ 为设定的超参数。学习可靠性可以直观理解为根据相关响应的最大值反映的跟踪可靠性，即响应越大的通道特征，其重要程度越大。检测可靠性则根据相关响应图的峰值旁瓣比计算，即根据主峰值和次峰值的比例确定，其定义为

$$w_d^{\det}=1-\min\left(\frac{\rho_{\max 2}}{\rho_{\max 1}},\frac{1}{2}\right) \tag{5.13}$$

其中，$\rho_{\max 2}$为次峰值，$\rho_{\max 1}$为主峰值。

综上，可以求出目标的判别模型，然后可以通过式(5.14)确定目标的最终位置，通过式(5.15)对判别模型进行更新。

$$v=\max \mathscr{F}^{-1}(\hat{\boldsymbol{h}}\odot\overline{\hat{\boldsymbol{s}}}) \tag{5.14}$$

$$\boldsymbol{h}_t=(1-\eta)\boldsymbol{h}_{t-1}+\eta\boldsymbol{h} \tag{5.15}$$

其中，η 为人工设置的更新参数。

因此，当使用目标的运动模型判断跟踪算法可能发生漂移后，使用 CSRDCF 算法构建的判别模型进行目标最终位置的确定。当可能发生跟踪漂移时，有基于孪生网络的视觉目标跟踪算法预测的目标位置(x_s,y_s,w_s,h_s)以及目标运动模型预测的目标位置(x_k,y_k,w_k,h_k)。为了确定目标的最终位置，使用判别模型分别对以位置(x_s,y_s,w_s,h_s)和位置(x_k,y_k,w_k,h_k)为中心的区域进行如式(5.14)所示的相关滤波操作，得到相关响应图的最大相关响应 v_s 和 v_k。然后，对最大相关响应 v_s 和 v_k 进行比较，其中最大的相关响应对应的位置为预测的目标位置。由于判别式相关滤波器算法有背景抑制能力，使用判别式相关滤波器算法构建的判别模型能够一定程度的缓解算法的跟踪漂移问题。

5.2.4 运动引导的孪生网络视觉单目标跟踪算法的整体框架

本章提出的运动引导的孪生网络视觉单目标跟踪算法的基本框架如图 5-2 所示。首先，通过式(2.42)计算和提取目标模板区域和待搜索区域，然后把得到的图像块输入基于孪生网络的视觉单目标跟踪算法中，得到其预测的目标位置(x_s,y_s,w_s,h_s)，最后，通过式(5.5)对已知的目标轨迹进行建模，构建目标的运动模型并使用运动模型预测目标位置(x_k,y_k,w_k,h_k)。由于基于孪生网络的视觉单目标跟踪算法在背景杂波场景时较易跟踪漂移到目标周围背景中纹理或颜色和目标相似的物体上，此时预测的目标运动轨迹在时序上可能是不平滑的，而运动模型预测的目标运动轨迹在时序上是平滑的。因此，可以通过计算基于孪生网络的视觉单目标跟踪算法预测的目标位置(x_s,y_s,w_s,h_s)和目标运动模型预测的目标位置(x_k,y_k,w_k,h_k)的重叠率来判断跟踪是否可能发生漂移。当重叠率大于阈值 ε 时，认为基于孪生网络的视觉单目标跟踪算法预测的目标轨迹在时序上是平滑的，因此可以认为跟踪算法没有发生跟踪漂移，此时目标的最终位置为$(x_f,y_f,w_f,h_f)=(x_s,y_s,w_s,h_s)$。当重叠率小于阈值 ε 时，认为基于孪生网络的视觉单目标跟踪算法预测的目标轨迹在时序上不平滑，因此判断算法可能发生了跟踪漂移。此时，使用具有背景抑制能力的判别模型分别以(x_s,y_s,w_s,h_s)和(x_k,y_k,w_k,h_k)为中心进行相关滤波，以具有最大相关响应的位置(x_c,y_c,w_c,h_c)为判别模型预测的目标位置。最后，判断判别模型预测的目标位置(x_c,y_c,w_c,h_c)和(x_s,y_s,w_s,h_s)的重叠率，当其重叠率大于阈值 β 时，认为目标的最终位置为$(x_f,y_f,w_f,h_f)=(x_s,y_s,w_s,h_s)$。否则，目标的最终位置为$(x_f,y_f,w_f,h_f)=(x_c,y_c,w_c,h_c)$。在算法 5-1 中给出运动引导的孪生网络视觉单目标跟踪算法的伪代码。

算法 5-1　运动引导的孪生网络视觉单目标跟踪算法

输入：待跟踪的视频图像序列 $I=\{i_n\}_{n=1}^{N}$（即一共含有 N 帧图像的视频），第一帧中标定的待跟踪目标的位置 $p_0=(x_0,y_0,w_0,h_0)$，基于孪生网络的视觉单目标跟踪算法、目标运动模型以及判别模型预测的目标位置 $p_s=(x_s,y_s,w_s,h_s)$、$p_k=(x_k,y_k,w_k,h_k)$ 和 $p_c=(x_c,y_c,w_c,h_c)$，判别模型预测的最大相关响应 γ，边界框重叠率计算函数 IOU(・)

输出：预测的目标的最终位置 $p_f=(x_f,y_f,w_f,h_f)$

初始化：目标模板区域图像块 x，$n=1$；基于孪生网络的视觉单目标跟踪算法 f(・)；判别模型 KF 的目标位置预测函数 KF. predict(・)和更新函数 KF. update(・)；判别模型 CF 的目标位置预测函数 CF. predict(・)和更新函数 CF. update(・)

步骤：

1. **for** $n \leqslant N$ **do**
2. 　根据式(2.42)确定图像 i_n 中待搜索区域的位置
3. 　根据式(5.1)预测得到目标在图像 i_n 中的位置 p_s
4. 　通过 KF. predict(・)预测得到目标在图像 i_n 中的位置 p_k
5. 　**if** IOU$(p_s,p_k)\geqslant\varepsilon$ **then**
6. 　　　$p_f=p_s$
7. 　　　CF. update(i_n,p_f)
8. 　　**else**
9. 　　　　$p_{c1},r_{c1}=$CF. predict(i_n,p_s)
10. 　　　　$p_{c2},r_{c2}=$CF. predict(i_n,p_k)
11. 　　　　**if** $r_{c2}-r_{c1}\geqslant\lambda r_{c1}$ **then**
12. 　　　　　**if** IOU$(p_s,p_{c2})\geqslant\beta$ **then**
13. 　　　　　　$p_f=p_s$
14. 　　　　　**else**
15. 　　　　　　　$p_f=p_{c2}$
16. 　　　　　　**end if**
17. 　　　　**else**
18. 　　　　　　**if** IOU$(p_s,p_{c1})\geqslant\beta$ **then**
19. 　　　　　　　$p_f=p_s$
20. 　　　　　　**else**
21. 　　　　　　　$p_f=p_{c1}$
22. 　　　　　　**end if**
23. 　　　　**end if**
24. 　　**end if**
25. 　　KF. update(p_f)
26. 　　**return** p_f
27. **end for**

5.2.5 运动引导的孪生网络视觉单目标跟踪算法实验结果及分析

为了验证本章提出的运动引导的孪生网络视觉单目标跟踪算法的有效性，本节在目前主流的5个视觉单目标跟踪公开数据集OTB2013、OTB2015、VOT2016、VOT2019以及GOT-10k上进行实验，并采用使用3.3.2节所描述的评测指标进行算法性能的评估。在OTB数据集中，重叠率阈值ε和β分别固定为0.7和0.6，在VOT和GOT-10k数据集中，重叠率阈值ε固定为0.3。权重λ在OTB、VOT以及GOT-10k数据集中都设置为0.05。上述数据集的重叠率阈值ε不一样，主要是因为不同数据集中的目标运动模式可能不一样，如OTB数据集中目标的运动比较接近线性高斯运动，而VOT与GOT-10k数据集中目标的非线性运动更加频繁。因此，OTB数据集的重叠率阈值更高。

1. 与基准算法的比较和分析

为了体现本章算法良好的泛化性，把两种基于孪生网络的视觉单目标跟踪算法整合到跟踪框架中：一种为经典的基于孪生网络的视觉单目标跟踪算法——SiamFC；另一种为先进的基于孪生网络的视觉单目标跟踪算法——SiamRPN_DW。其中，整合SiamFC的算法称为SiamFC_KF_CF，整合SiamRPN_DW的算法称为SiamRPN_DW_KF_CF。本节比较SiamFC、SiamFC_KF_CF、SiamRPN_DW和SiamRPN_DW_KF_CF算法的跟踪性能。

本章提出的算法和基准算法在OTB2013数据集上的比较如图5-8所示，可以看出，在OTB2013数据集上，SiamFC_KF_CF在位置误差阈值为20时得到的精确率为0.86，同时得到的AUC分数为0.639，分别比对应的基准算法（即SiamFC）提升了7.1%和6.3%。同时，SiamFC_KF_CF算法的精确率甚至比先进的SiamRPN_DW算法的还要高。类似于SiamFC_KF_CF算法，SiamRPN_DW_KF_CF算法也得到了比对应的基准算法（即SiamRPN_DW算法）更好的跟踪性能。在精确率图和成功率图上，SiamRPN_DW_KF_CF在SiamRPN_DW的基础上分别提升了5.0%和4.3%。

彩图5-8

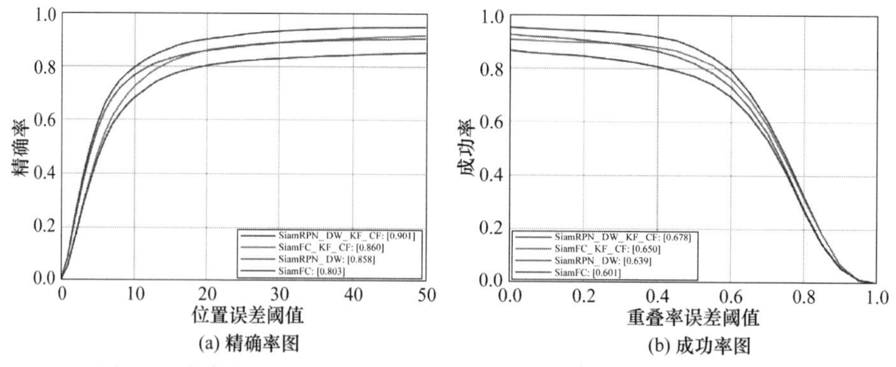

(a) 精确率图　(b) 成功率图

图5-8　本章提出的算法和基准算法在OTB2013数据集上的性能比较

本章提出的算法和基准算法在 OTB2015 数据集上的比较如图 5-9 所示。可以看出，其显示出与 OTB2013 数据集相同的趋势。本章提出的视觉单目标跟踪算法 SiamFC_KF_CF、SiamRPN_DW_KF_CF 的性能在 OTB2015 数据集上比对应的基准算法 SiamFC、SiamRPN_DW 的性能有明显的提升。

彩图 5-9

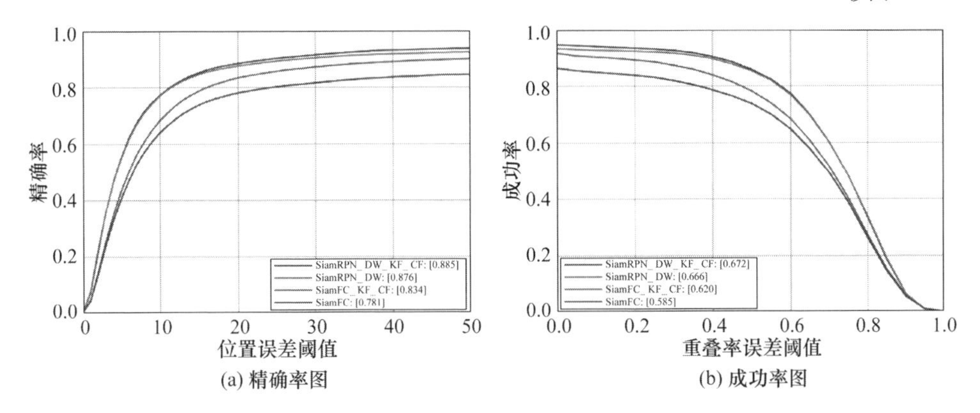

图 5-9　本章提出的算法和基准算法在 OTB2015 数据集上的性能比较

上文分析了本章提出的算法在背景杂波场景的鲁棒性要好于基于孪生网络的视觉单目标跟踪算法。因此，图 5-10 给出了本章提出的算法和对应的基准算法在背景杂波场景的性能比较。如图 5-10 所示，在背景杂波的场景，SiamFC_KF_CF 算法在精确率图和成功率图上分别比对应的基准算法 SiamFC 提升了 5.6% 和 5.3%。同时，SiamRPN_DW_KF_CF 算法也得到了比对应的基准算法 SiamRPN_DW 更好的性能。在精确率图和成功率图上，SiamRPN_DW_KF_CF 算法在 SiamRPN_DW 算法的基础上分别提升了 11.1% 和 10.8%。这表明本章提出的算法确实提升了基于孪生网络的视觉单目标跟踪算法对背景杂波问题的鲁棒性。

彩图 5-10

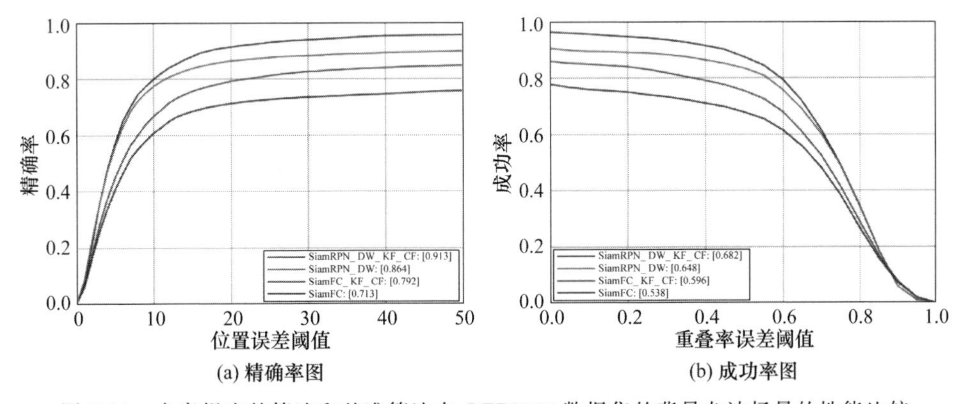

图 5-10　本章提出的算法和基准算法在 OTB2015 数据集的背景杂波场景的性能比较

同时,本节还在 VOT2016、VOT2019 和 GOT-10k 数据集上对本章提出的算法和基准算法进行比较。如表 5-1 所示,可以看出,在 VOT2016 数据集中,SiamFC_KF_CF算法的 EAO 为 0.250,比对应的基准跟踪算法 SiamFC 的 EAO 高。同理,SiamRPN_DW_KF_CF 算法也得到了比 SiamRPN_DW 算法更好的性能,其 EAO 比 SiamRPN_DW 算法的高。在 VOT2019 数据集中,趋势是一样的,SiamFC_KF_CF 算法的 EAO 比对应的基准算法 SiamFC 的高 0.010,SiamRPN_DW_KF_CF 算法的 EAO 比 SiamRPN_DW 算法的高 0.110。同时,在 VOT2016 和 VOT2019 数据集上,本章提出的算法相较于其基准算法都有更好的鲁棒性。对于 GOT-10k 数据集,其使用 AO 作为总体跟踪性能的评估基准。可以看出,SiamFC_KF_CF 算法的 AO 比其对应的基准跟踪算法 SiamFC 的高 0.008,SiamRPN_DW_KF_CF 算法的 AO 比 SiamRPN_DW 的高 0.120。同时,本章提出的算法在准确率(Accuracy)、鲁棒性(Robustness)、成功率指标上也好于对应的基准算法。

表 5-1 本章提出的算法和基准算法在 VOT2016、VOT2019 以及 GOT-10k 数据集上的性能比较

算法	VOT2016 数据集			VOT2019 数据集			GOT-10k 数据集		
	EAO	Accuracy	Robustness	EAO	Accuracy	Robustness	AO	SR(0.5)	SR(0.75)
SiamFC	0.240	0.527	0.541	0.189	0.510	0.958	0.334	0.359	0.101
SiamFC_KF_CF	0.250	0.524	0.438	0.199	0.512	0.873	0.342	0.367	0.104
SiamRPN_DW	0.393	0.618	0.238	0.260	0.573	0.547	0.448	0.533	0.229
SiamRPN_DW_KF_CF	0.410	0.619	0.219	0.271	0.573	0.524	0.460	0.546	0.231

2. 与其他算法的比较和分析

如图 5-11、图 5-12 和图 5-13 所示,在 OTB2013 和 OTB2015 数据集上,将本章提出的算法和其他的视觉单目标跟踪算法进行比较,被比较的算法包括 SiamRPN_DW、DaSiamRPN、SiamRPN、SINT、Dsiam、SiamFC、CFNet、ECO-HC、CCOT-HC、RDCF、DeepSRDCF、SRDCFdecon、CF2、HDT、LCT、CSR-DCF、Staple、AMF、KCF、DSST、MEEM 和 CNN-SVM。这些视觉单目标跟踪算法包括基于孪生网络的跟踪算法、基于判别式相关滤波的跟踪算法以及其他一些经典跟踪算法。因此,和这些算法进行比较,可以充分体现本章算法的优越跟踪性能。如图 5-11 和图 5-12 所示,SiamRPN_DW_KF_CF 算法在 OTB2013 数据集和 OTB2015 数据集上的跟踪性能比其他跟踪算法的都要好。其中,Dsiam 算法是 SiamFC 算法的改进版,其通过在线学习目标的外形变化和背景抑制能力得到更好的跟踪性能。

DaSiamRPN 算法通过学习目标背景中干扰物体的特征来显式地抑制背景中的干扰物体，得到了比 SiamRPN 算法更好的跟踪性能。这两个跟踪算法背后的目的和本章算法很相似，都希望能够有效地对背景中纹理或颜色和目标相似的物体进行抑制。因此，将本章提出的算法和 Dsiam 算法、DaSiamRPN 算法进行比较很有意义。可以看到，在 OTB2015 数据集中，SiamFC_KF_CF 算法比 Dsiam 算法在精确率和成功率上分别提升了 1.5% 和 1.4%，SiamRPN_DW_KF_CF 算法比 DaSiamRPN 算法在精确率和成功率上分别提升了 0.7% 和 2.1%。而且，如图 5-13所示，本章提出的算法在背景杂波场景具有更大的性能提升。在背景杂波场景，SiamRPN_DW_KF_CF 算法比 DaSiamRPN 算法在精确率和成功率上分别提升了 6.7% 和 5.9%。上面的比较说明，本章提出的算法确实非常有效，尤其是在背景杂波场景。

彩图 5-11

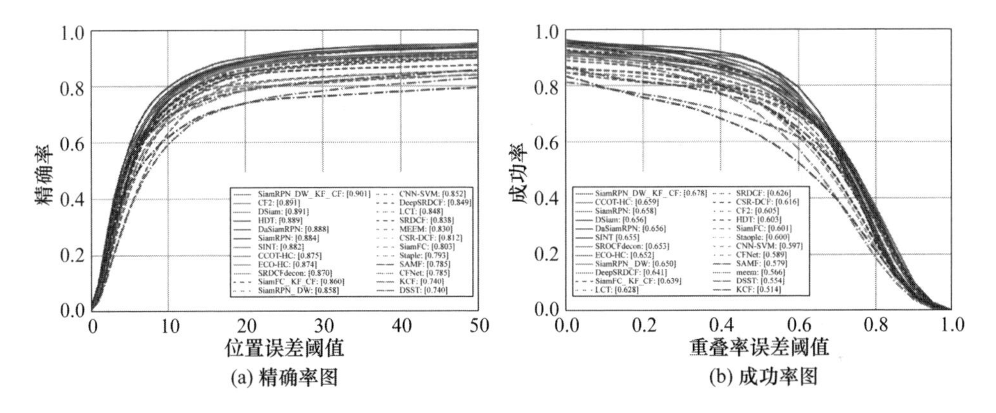

(a) 精确率图 (b) 成功率图

图 5-11 本章提出的算法和其他算法在 OTB2013 数据集的性能比较

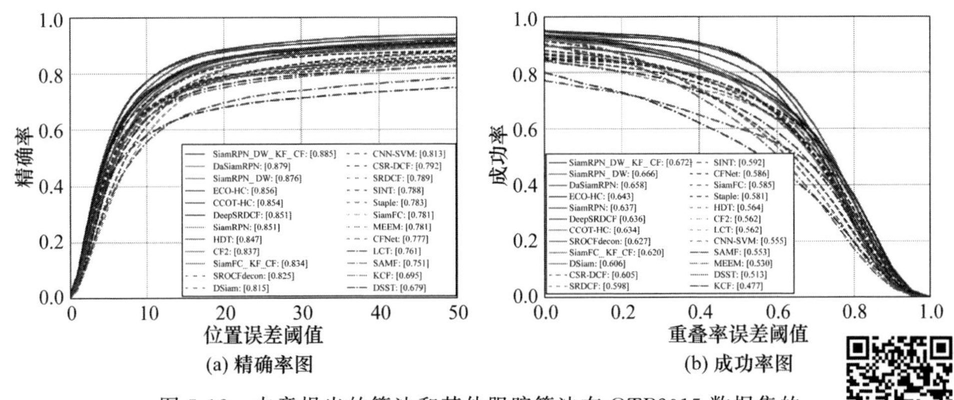

(a) 精确率图 (b) 成功率图

图 5-12 本章提出的算法和其他跟踪算法在 OTB2015 数据集的性能比较

彩图 5-12

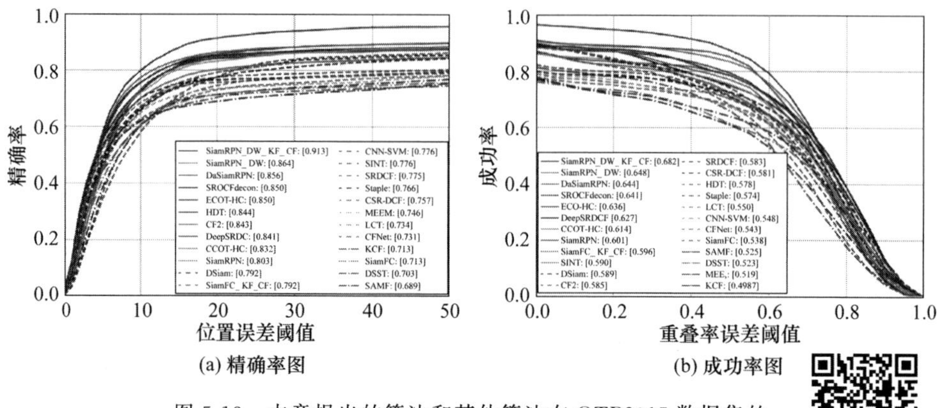

(a) 精确率图　　(b) 成功率图

图 5-13　本章提出的算法和其他算法在 OTB2015 数据集的背景杂波场景的性能比较

彩图 5-13

同时，如表 5-2 所示，把本章提出的算法和一些先进的视觉单目标跟踪算法在 VOT2016 数据集上进行比较，被比较的先进算法包括 SiamRPN_DW、SiamFC、ECO、ECO-HC、CCOT-HC、Staple、SA-Siam、CREST、MDNet、HCF、SAMF、DSST。从表中各算法的跟踪性能的表现，可以看出，本章提出的算法确实有效。

表 5-2　本章提出的算法和其他算法在 VOT2016 数据集上的性能比较

算法	EAO	Accuracy	Robustness
DSST	0.181	0.533	0.704
SAMF	0.186	0.507	0.587
HCF	0.220	0.450	0.396
SiamFC	0.240	0.527	0.541
SiamFC_KF_CF	0.250	0.524	0.438
MDNet	0.257	0.540	0.340
CREST	0.283	0.510	0.250
SA-Siam	0.291	0.540	
Staple	0.291	0.540	0.380
ECO-HC	0.322	0.540	0.300
CCOT-HC	0.322	0.540	0.240
ECO	0.375	0.550	0.200
SiamRPN_DW	0.393	0.618	0.238
SiamRPN_DW_KF_CF	0.410	0.619	0.219

同时，还把本章提出的算法和一些先进的视觉单目标跟踪算法在 VOT2019 数据集上进行比较，被比较的算法包括 Struck、KCF、SiamFC、CSRDCF、Siamfcos、SiamRPNX、Gasiamrpn、SiamMsST、SA _ SIAM _ R、SiamRPN 和 RankingT。其中，Siamfcos、SiamRPNX、Gasiamrpn、SiamMsST、SA_SIAM_R 和

RankingT 算法是基于孪生网络的视觉单目标跟踪算法，是 SiamFC 算法或 SiamRPN 算法的改进版。如表 5-3 所示，本章提出的算法的跟踪性能好于这些被比较的算法，显示出良好的跟踪性能。

表 5-3　本章提出的算法和其他算法在 VOT2019 数据集上的性能比较

算法	EAO	Accuracy	Robustness
Struck	0.094	0.417	1.726
KCF	0.110	0.441	1.279
SiamFC	0.189	0.510	0.958
SiamFC _KF_CF	0.199	0.512	0.873
CSR-DCF	0.201	0.496	0.632
Siamfcos	0.223	0.561	0.788
SiamRPNX	0.224	0.517	0.552
Gasiamrpn	0.247	0.548	0.522
SiamMsST	0.252	0.575	0.552
SA_SIAM_R	0.253	0.559	0.492
SiamRPN	0.260	0.573	0.547
RankingT	0.270	0.525	0.560
SiamRPN_DW_KF_CF	0.271	0.573	0.524

最后，如表 5-4 所示，把本章提出的算法和其他一些先进的视觉单目标跟踪算法在 GOT-10k 数据集上进行比较，被比较的先进算法包括 SiamRPN_DW、SiamFC、ECO、ECO-HC、C-COT、CFNet、CF2、MDNet、KCF、MEEM、GOTURN。实验结果显示，本章提出的算法在 GOT-10k 数据集上具有先进的跟踪性能。

表 5-4　本章提出的算法和其他算法在 GOT-10k 数据集上的性能比较

跟踪器	AO	SR(0.5)	SR(0.75)
KCF	0.203	0.177	0.065
MEEM	0.253	0.235	0.068
CFNet	0.270	0.225	0.072
ECO-HC	0.286	0.276	0.096
MDNet	0.299	0.303	0.099
CF2	0.315	0.297	0.088
ECO	0.316	0.309	0.111
C-COT	0.325	0.328	0.107
SiamFC	0.334	0.359	0.101
SiamFC_KF_CF	0.342	0.367	0.104
GOTURN	0.347	0.375	0.124

续 表

跟踪器	AO	SR(0.5)	SR(0.75)
SiamRPN_DW	0.448	0.533	0.229
SiamRPN_DW_KF_CF	0.460	0.546	0.231

3. 消融实验

本章提出构建并使用目标的运动模型来判断跟踪算法是否可能发生跟踪漂移。当发生跟踪漂移时，使用判别式相关滤波器构建的目标的判别模型确定目标的位置，实现鲁棒的跟踪。因此，目标的运动模型和判别模型对本章提出的算法起到重要的作用。所以，需要进行足够的实验来验证运动模型和判别模型的有效性。如图 5-14 所示，在 OTB2013 数据集上对本章提出的 SiamFC_KF_CF 算法、基准算法 SiamFC 以及 3 种消融实验的算法 SiamFC_KF_COS、SiamFC_KF_SSIM、SiamFC_CF_COS 进行比较，从而验证运动模型和判别模型的有效性。与 SiamFC_KF_CF 算法相比，当发生跟踪漂移时，SiamFC_KF_COS 算法使用余弦距离决定目标的最终位置，SiamFC_KF_SSIM 算法使用更加精确的结构相似度(SSIM)决定目标的最终位置。SiamFC_CF_COS 算法去除了运动模型，使用基于孪生网络的视觉单目标跟踪算法、判别模型和余弦距离共同决定预测的目标的位置。如图 5-14所示，和基准算法 SiamFC 相比，SiamFC_KF_COS 算法、SiamFC_KF_SSIM 算法以及 SiamFC_CF_COS 算法基本没有获得性能提升，而本章提出的算法在精确率和成功率上分别提升了 7.1%和 6.3%。这说明了本章提出算法的有效性。

彩图 5-14

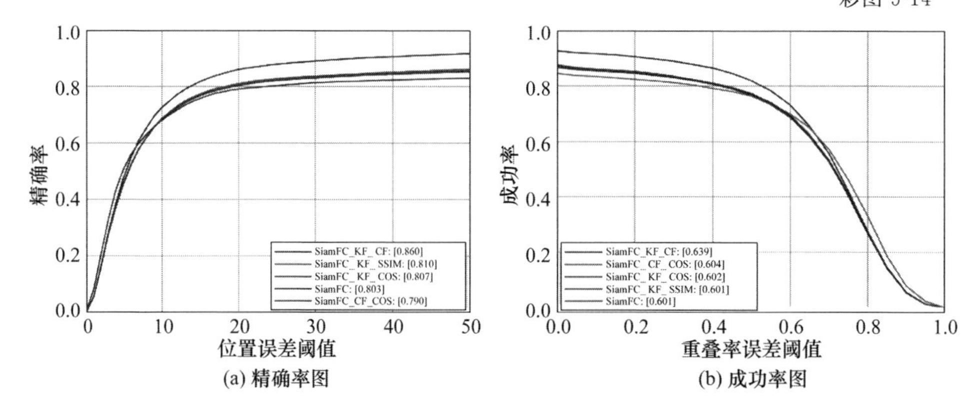

图 5-14 不同算法在 OTB2013 数据集的消融实验

同时，在 OTB2013 数据集上进行阈值设定的消融实验。如图 5-15、图 5-16 和图 5-17 所示，在 OTB2013 数据集上做了大量关于阈值设定的消融实验。结果显示了本章提出的算法对于不同的阈值设置都比较有效，说明了算法具有优秀的泛化性。

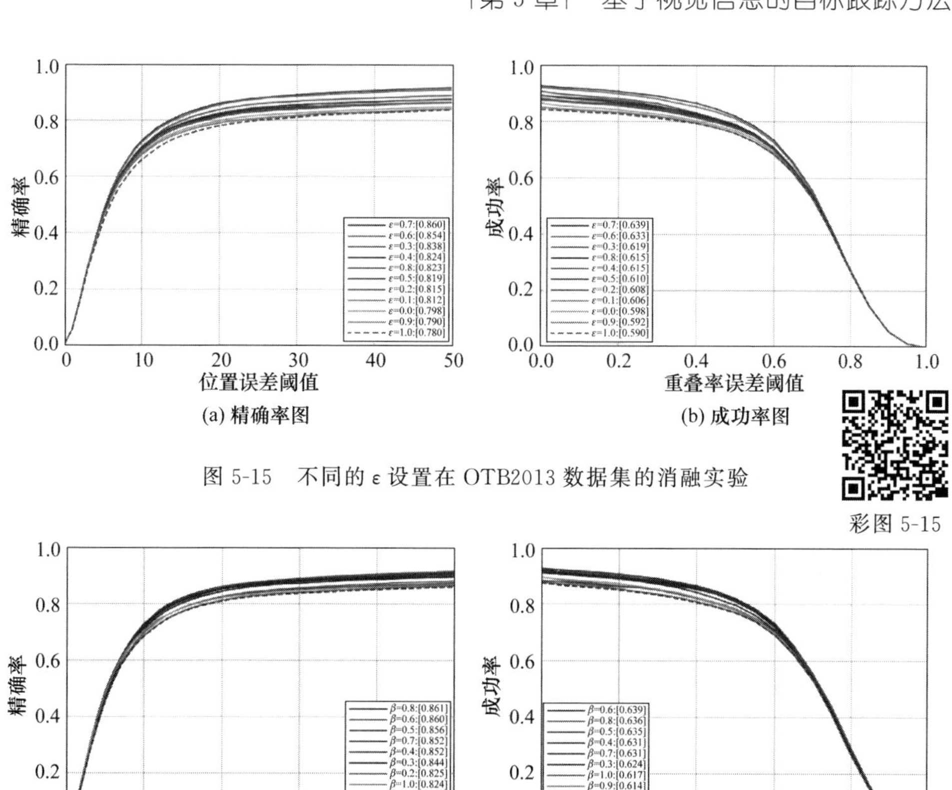

(a) 精确率图　　(b) 成功率图

图 5-15　不同的 ε 设置在 OTB2013 数据集的消融实验

彩图 5-15

(a) 精确率图　　(b) 成功率图

图 5-16　不同的 β 设置在 OTB2013 数据集的消融实验

彩图 5-16

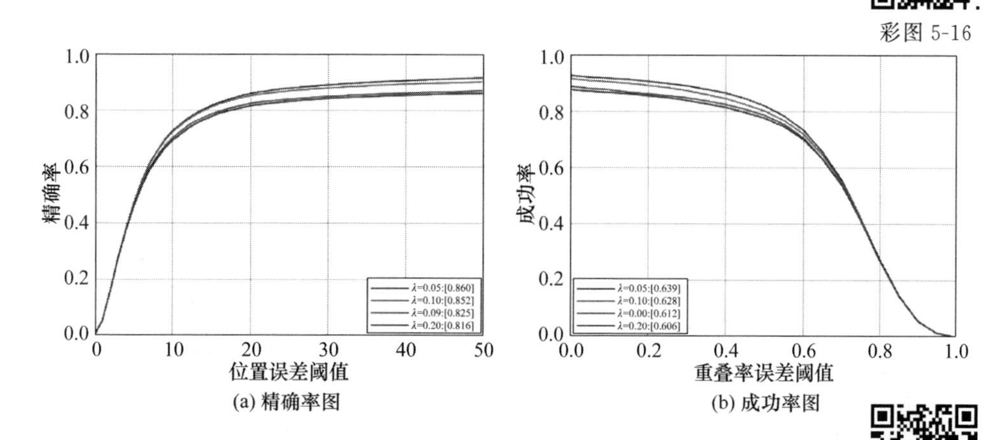

(a) 精确率图　　(b) 成功率图

图 5-17　不同的 λ 设置在 OTB2013 数据集的消融实验

彩图 5-17

4. 定性分析

在本节,在一些具有挑战性的跟踪场景对本章算法进行定性分析。如图 5-18 和图 5-19 所示,可视化真值目标和 6 个跟踪算法(即 SiamRPN_DW_KF_CF 算法、SiamFC_KF_CF 算法、DaSiamRPN 算法、SiamRPN_DW 算法、Dsiam 算法以及 SiamFC 算法)在一些具有挑战性的跟踪场景的跟踪效果。其中,SiamFC 算法和 SiamRPN_DW 算法是基准算法。DSiam 算法和 DaSiamRPN 算法是它们的改进版算法,它们使用不同的手段对目标背景中颜色或纹理与目标相似的物体进行抑制,这和本章提出的方法的作用具有相似性,因此,与它们的跟踪效果进行比较很有意义。如图 5-18 所示,在图的第一行和第二行,当 SiamFC 算法和 SiamRPN_DW 算法因目标背景中颜色或纹理与目标相似的物体而发生跟踪漂移时,SiamRPN_DW_KF_CF 算法、SiamFC_KF_CF 算法、DaSiamRPN 算法以及 Dsiam 算法都成功地跟踪到目标。而在图 5-18 的第三行和第四行,当 DaSiamRPN 算法和 Dsiam 算法都跟踪漂移到背景中颜色或纹理和目标相似的物体时,SiamRPN_DW_KF_CF 算法与 SiamFC_KF_CF 算法持续地跟踪到目标。另外,在图 5-19 所示的更加复杂、困难的跟踪场景,SiamRPN_DW_KF_CF 算法持续地保持了对目标的跟踪,而 SiamFC_KF_CF 算法、DaSiamRPN 算法、SiamRPN_DW 算法、DSiam 算法以及 SiamFC 算法中途都发生了跟踪漂移。因此,从图 5-18 和图 5-19 的结果可视化图像中可以看出,本章提出算法的性能优越,泛化性良好。

彩图 5-18

—— GroundTruth; —— SiamFC; —— DSiam; —— SiamFC_KF_CF; —— SiamRPN_DW;
—— DaSiamRPN; —— SiamRPN_DW_KF_CF

图 5-18 算法在一些具有挑战的跟踪场景的可视化结果

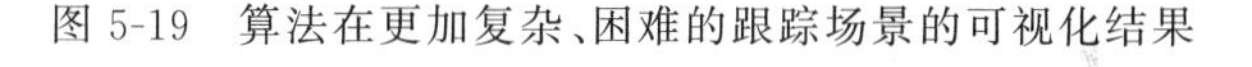

图 5-19 算法在更加复杂、困难的跟踪场景的可视化结果

彩图 5-19

5.3 两阶段在线视觉多目标跟踪算法

在线视觉多目标跟踪算法通常难以在跟踪性能和运行速度上取得平衡。同时,在线视觉多目标跟踪算法通常使用目标和检测边界框的空间特征的相似度构建表观相似度代价函数,这种代价函数对目标背景中纹理或颜色和目标相似的物体的抑制能力较弱,使得算法较易跟踪漂移到目标背景中纹理或颜色和目标相似的物体上。针对上述问题,本章提出了一种两阶段在线视觉多目标跟踪算法,算法的基本框架如图 5-20 所示。针对多目标跟踪场景对算法的运算速度的要求,本章通过构建一个两阶段的在线视觉多目标跟踪流程,通过分阶段地使用目标的时空信息加速多目标跟踪算法的运算速度。首先,使用卡尔曼滤波器构建目标的运动模型,通过计算运动模型预测的目标位置和目标检测边界框的重叠率来构建代价矩阵,再基于代价矩阵使用匈牙利算法对目标和检测边界框进行数据关联,从而获

得第一阶段的跟踪结果。由于第一阶段只涉及计算运动模型预测目标的位置、计算重叠率以及使用匈牙利算法进行数据关联，这些操作的计算复杂度低，运算速度快且可以不经任何训练的跟踪任意类型目标。同时，由于第一阶段只使用了目标的时序信息进行跟踪，因此其可以在目标遮挡以及目标外形变化等场景进行鲁棒的跟踪，但这也会导致算法在目标运动模式改变时（如目标突然加速等情形），较易跟丢目标或发生目标 ID 变换。因此，在第二阶段，针对第一阶段未能关联检测框的目标以及未能关联目标的检测框，使用未关联目标的判别式相关滤波器对一定范围内的未关联检测框进行相关滤波，使用最大相关响应构建数据关联的代价矩阵，再使用匈牙利算法对构建好的代价矩阵进行数据关联，从而获得第二阶段的多目标跟踪结果。由于判别式相关滤波器只对单一尺度的目标位置进行预测，不涉及多尺度预测且降低了更新频率，因此第二阶段的跟踪算法也具有快速的运算速度。同时，判别式相关滤波器的背景抑制能力可以使得算法有效地抑制目标背景中纹理或颜色和目标相似的物体。最后，综合上述两个阶段的跟踪结果便得到算法的最终跟踪结果。

彩图 5-20

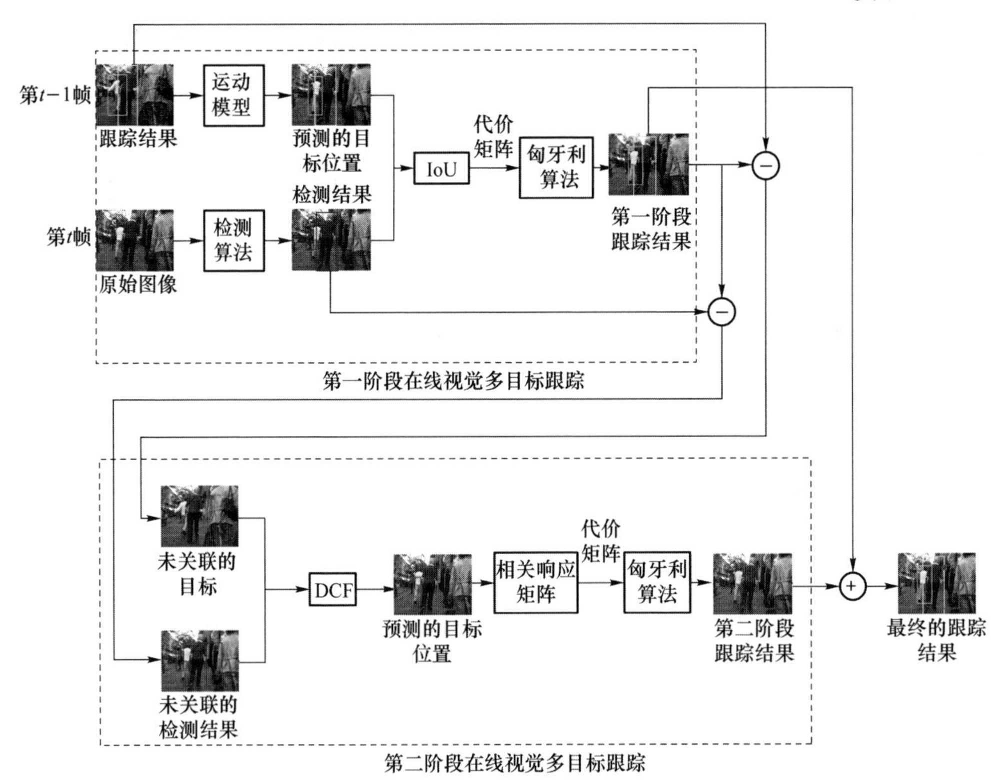

图 5-20　两阶段在线视觉多目标跟踪算法的框架

5.3.1 第一阶段在线视觉多目标跟踪算法

本节将介绍本章使用的两阶段在线视觉多目标跟踪算法的第一阶段算法，即基于运动模型的第一阶段在线视觉多目标跟踪算法。第一阶段在线视觉多目标跟踪算法为经典的 SORT 算法。

如图 5-21 所示，对于第 $t-1$ 帧图像，可以获得该帧图像中的目标位置，其中实线边界框及其对应的 ID 表示目标在当前帧可见，虚线边界框及其对应的 ID 表示这个目标在历史帧存在而在当前帧消失不见。首先，对于在当前帧可见的目标，利用卡尔曼滤波器对目标进行建模或更新。如式(5.5)所示，根据目标的运动轨迹构建或更新目标的运动模型，对目标在水平方向和竖直方向的坐标、宽高比、高度及它们对应的变化进行建模。目标的状态定义如下：

$$s=[x,y,r,h,\dot{x},\dot{y},\dot{r},\dot{h}] \tag{5.16}$$

其中，x 表示目标中心点在水平坐标轴的位置坐标，y 表示目标中心点在垂直坐标轴的位置坐标，r 表示目标框的长宽比，h 表示目标框的高度，$\dot{x}$、$\dot{y}$、$\dot{r}$、$\dot{h}$ 分别为 x、y、r、h 的对应控制变量。

彩图 5-21

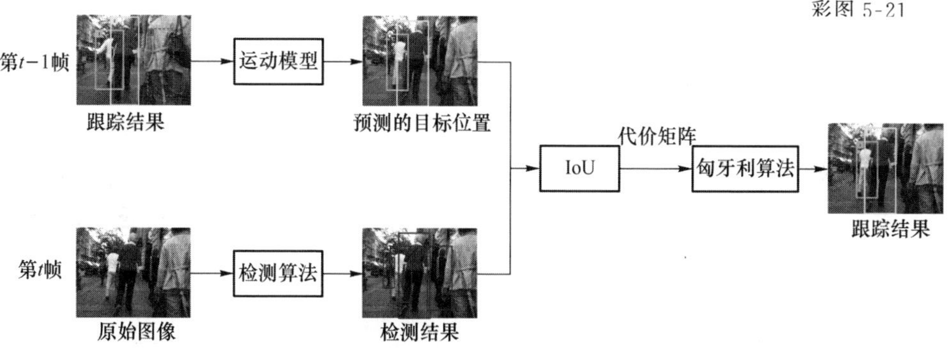

图 5-21 第一阶段在线视觉多目标跟踪算法

通过式(5.5)和式(5.16)构建或更新在当前帧可见目标的运动模型后，再使用目标的运动模型预测目标在第 t 帧图像中的位置和长宽。同时，使用检测算法对第 t 帧图像进行目标检测，得到检测边界框。然后，计算运动模型预测的目标位置和检测算法检测得到的所有检测边界框的重叠率，并根据重叠率构建一个代价矩阵。最后，使用匈牙利算法对代价矩阵进行最大二分图匹配，得到目标和检测边界框的最优关联并将目标的 ID 分配给检测框，得到目标在第 t 帧图像中的最终位置，实现了视觉多目标跟踪。

由于第一阶段的在线视觉多目标跟踪算法只使用目标的运动信息进行多目标跟踪。因此，该算法对目标的遮挡以及外形变化等问题鲁棒且其能够不经训练地跟踪任意类型的目标。然而，只使用目标的时序运动信息进行多目标跟踪在目标运动模式发生变化时容易跟丢目标。因此，可能会出现一些目标未能关联上检测边界框，也可能出现一些检测边界框未能关联上目标，还可能存在一些目标被遮挡从而在当前帧不可见。对于上述情况，将在第二阶段的在线视觉多目标跟踪算法中进行处理。

5.3.2 第二阶段在线视觉多目标跟踪算法

如图 5-22 所示，对于第一阶段的在线视觉多目标跟踪过程得到的目标在第 t 帧图像中的位置，即第一阶段的跟踪结果，使用第 $t-1$ 帧图像中的所有目标位置对其进行减操作，即使用第 $t-1$ 帧图像中的目标减去在第 t 帧图像中被关联的目标，得到未关联的目标。同时，使用检测算法在第 t 帧图像中的检测结果减去第一阶段的跟踪结果，得到未关联的检测结果。然后，对于未关联的目标，使用目标在最近 10 帧图像中的目标中心点位置和宽高，通过式(5.17)对目标中心点在水平方向和垂直方向的运动速度以及目标的宽高的变化进行建模。

$$\begin{cases}(v_x, v_y) = \dfrac{1}{n}\sum\limits_{i=1}^{n}(x_i - x_{i-1}), \dfrac{1}{n}\sum\limits_{i=1}^{n}(y_i - y_{i-1}) \\ (v_w, v_h) = \dfrac{1}{n}\sum\limits_{i=1}^{n}(w_i - w_{i-1}), \dfrac{1}{n}\sum\limits_{i=1}^{n}(h_i - h_{i-1})\end{cases} \tag{5.17}$$

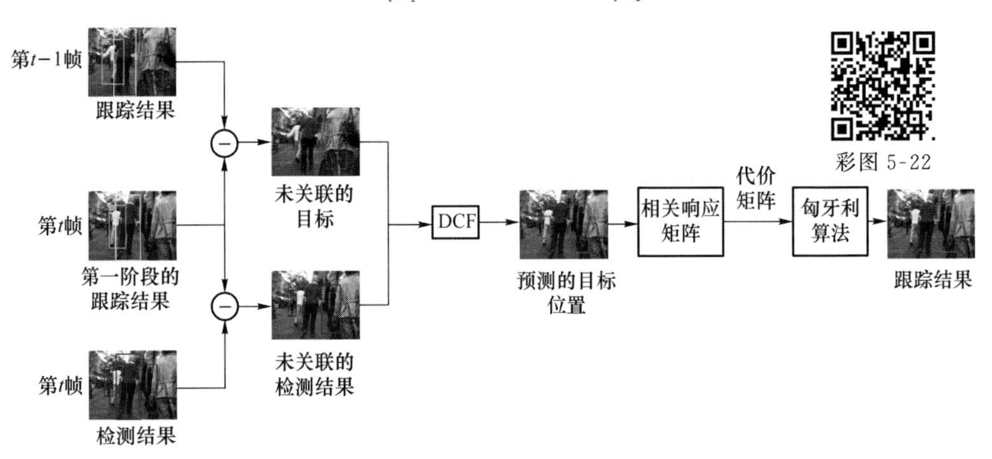

图 5-22 第二阶段在线视觉多目标跟踪算法

其中：x、y、w、h 分别表示目标在水平方向的中心点位置坐标、目标在垂直方向的中心点位置坐标、目标的宽度以及目标的高度；v_x、v_y、v_w、v_h 分别表示目标在水平方向的中心点位置坐标的变化速度、目标在垂直方向的中心点位置坐标的变化速度、目标的宽度变化速度以及目标的高度变化速度；i 表示目标的帧数；n 表示最近 10 帧图像中出现目标的图像帧数。

然后，使用目标中心点在水平方向和垂直方向的运动速度以及目标宽高的变化速度预测目标在当前帧的中心点位置和长宽，预测方程如式(5.18)所示。

$$\begin{cases} x_t = x_{\text{last}} + v_x(t - t_{\text{last}}) \\ y_t = y_{\text{last}} + v_y(t - t_{\text{last}}) \\ w_t = w_{\text{last}} + v_w(t - t_{\text{last}}) \\ h_t = h_{\text{last}} + v_h(t - t_{\text{last}}) \end{cases} \tag{5.18}$$

其中，x_t、y_t、w_t、h_t分别表示目标在第 t 帧图像中水平方向的中心点位置坐标、垂直方向的中心点位置坐标、目标的宽度以及目标的高度，t_{last}表示目标最后一次出现时的图像帧，x_{last}表示目标最后一次出现时水平方向的中心点位置坐标，y_{last}表示目标最后一次出现时垂直方向的中心点位置坐标，w_{last}表示目标最后一次出现时的宽度，h_{last}表示目标最后一次出现时的高度。然后，再使用 x_t、y_t、w_t、h_t 对 5.2 节中利用卡尔曼滤波器构建的运动模型进行更新，并使用如式(5.19)所示的马氏距离计算检测框和预测目标位置的距离。

$$\rho(i,j) = (\boldsymbol{d}_i - \boldsymbol{p}_j)^{\mathrm{T}} \boldsymbol{\Sigma}_j^{-1} (\boldsymbol{d}_i - \boldsymbol{p}_j) \tag{5.19}$$

其中，$\boldsymbol{d}_i$ 为第 i 个检测边界框的中心点位置，$\boldsymbol{p}_j$ 为第 j 个目标对应的预测位置的中心点位置，$\boldsymbol{\Sigma}_j^{-1}$ 表示检测边界框的中心点位置和目标的预测中心点位置的协方差矩阵。

根据式(5.19)可以计算所有未关联目标的中心点和未关联检测框的中心点的马氏距离。然后，再使用公式(5.20)得到马氏距离小于 δ 的所有未关联检测框。

$$f(i,j) = 1[\rho(i,j) < \delta] \tag{5.20}$$

其中，$\rho(i,j)$为未关联检测框 j 和未关联目标 i 的马氏距离，δ 为卡方分布在两个自由度的情况下对应的 95%置信区间，即 $\delta = 5.991\,5$。

通过式(5.19)和式(5.20)可以获得每个目标对应的候选检测边界框。然后，使用判别式相关滤波器以候选检测边界框为中心提取待搜索区域的空间特征进行相关滤波，获得对应的最大相关响应和预测的目标位置。即对于在第 $t-1$ 帧图像中的目标，其对应的中心点位置坐标和长宽为$(x_{t-1}, y_{t-1}, w_{t-1}, h_{t-1})$，判别式相关滤波器对目标的位置进行预测时，首先在第 t 帧图像中以(x_{t-1}, y_{t-1})为中心，以式(5.21)计算待搜索区域的长宽。

$$w_t^s, h_t^s = (1+\Delta) w_{t-1}, (1+\Delta) h_{t-1} \tag{5.21}$$

其中，Δ 为设置的扩展倍数，w_t^s 为待搜索区域宽度，h_t^s 为待搜索区域高度。

不同于判别式相关滤波器的一般做法，首先使用式(5.4)对第一阶段未关联的目标选取对应的候选检测边界框，然后使用目标对应的判别式相关滤波器分别以所有候选检测边界框为中心，以检测边界框宽高为基础进行扩展，得到对应的待搜索区域。即对于目标的任一候选检测边界框，其中心点位置坐标和长宽为$(x_{\mathrm{p}}, y_{\mathrm{p}}, w_{\mathrm{p}}, h_{\mathrm{p}})$，判别式相关滤波器以$(x_{\mathrm{p}}, y_{\mathrm{p}})$为中心，以式(5.21)计算待搜索区域的长宽。同时，不同于判别式相关滤波器通常使用式(5.22)所示的多尺度搜索策略对目标进行尺度回归，利用基于检测的多目标跟踪算法含有检测边界框且检测边界框一般较为准确的特点，直接使用检测边界框的尺度作为目标的尺度，这样可以在准确的预测目标尺度的同时减少算法的运行时间。

$$a^n w \times a^n h, n \in \left\{ \left\lceil -\frac{S-1}{2} \right\rceil, \cdots, \left\lceil \frac{S-1}{2} \right\rceil \right\} \tag{5.22}$$

通过上述方法，可以获得由未关联目标和未关联检测框之间的最大相关响应组成的代价矩阵，再使用匈牙利算法进行最大二分图匹配便可以得到未关联目标和未关联检测框的最优匹配，从而得到了第二阶段的在线视觉多目标跟踪结果。

第二阶段的在线视觉多目标跟踪过程由于使用单一尺度的判别式相关滤波器以候选检测边界框为中心进行相关滤波，通过最大相关响应构建的代价矩阵对目标和检测边界框进行关联，因此可以对背景杂波以及目标尺度变化等问题具有较好的鲁棒性，同时具有较快的运行速度。另外，判别式相关滤波器在线学习判别模型的特点使得算法可以不经训练地跟踪任意类型的目标。

5.3.3 两阶段在线视觉多目标跟踪算法的整体框架

如前文所述，本章提出的在线视觉多目标跟踪算法分为两阶段进行。假设当前跟踪帧为第 n 帧图像，在第 n 帧图像的前一帧图像为第 $n-1$ 帧图像，已关联上检测边界框的目标为 t_{ass}，未关联检测边界框的目标为 $t_{\text{un-ass}}$，未关联目标的检测边界框为 $d_{\text{un-ass}}$，以及所有的检测边界框为 d_{mn}。基于以上假设，使用本章的两阶段在线视觉多目标跟踪算法完成多目标跟踪。首先，在第一阶段，使用每个目标各自的运动模型对已关联检测边界框的目标 t_{ass} 在第 n 帧图像中的位置进行预测，计算预测的目标位置和所有检测边界框 d_{mn} 的重叠率，获得所有已关联目标和所有检测边界框的重叠率矩阵。然后，使用匈牙利算法对由重叠率矩阵构成的代价矩阵进行二分图匹配，获得已关联检测边界框的目标 t_{ass} 和所有检测框 d_{mn} 的关联关系。同时，设定阈值 α 为重叠率阈值，重叠率小于阈值 α 的关联关系将被消除，从而获得第 n 帧图像中已关联检测边界框的目标 $t_{\text{ass\_1}}$、未关联检测边界框的目标 $t_{\text{un-ass\_1}}$、已关联目标的检测边界框 $d_{\text{ass\_1}}$ 和未关联目标的检测边界框 $d_{\text{un-ass\_1}}$。然后，在第二阶段，对上述未关联检测边界框的目标 $t_{\text{un-ass\_1}}$ 和未关联目标的检测边界框 $d_{\text{un-ass\_1}}$ 使用未关联检测边界框的目标 $t_{\text{un-ass\_1}}$ 的判别式相关滤波器，以一定范围内未关联目标的检测边界框 $d_{\text{un-ass\_1}}$ 为中心，根据式(5.21)获取待搜索区域进行相关滤波，得到未关联检测边界框的目标 $t_{\text{un-ass\_1}}$ 和未关联目标的检测边界框 $d_{\text{un-ass\_1}}$ 的最大相关响应矩阵，然后使用匈牙利算法对由最大相关响应矩阵构成的代价矩阵进行二分图匹配，获得未关联检测边界框的目标 $t_{\text{un-ass\_1}}$ 和未关联目标的检测框 $d_{\text{un-ass\_1}}$ 的关联关系，从而获得第 n 帧图像中的已关联检测边界框的目标 $t_{\text{ass\_2}}$，未关联检测边界框的目标 $t_{\text{un-ass\_2}}$、已关联目标的检测边界框 $d_{\text{ass\_2}}$ 和未关联目标的检测边界框 $d_{\text{un-ass\_2}}$。最后，便得到第 n 帧图像中已关联检测边界框的目标 $t_{\text{ass}}=t_{\text{ass\_1}}+t_{\text{ass\_2}}$、已关联目标的检测边界框 $d_{\text{ass}}=d_{\text{ass\_1}}+d_{\text{ass\_2}}$。对于未关联目标的检测边界框 $d_{\text{un-ass}}=d_{\text{un-ass\_2}}$ 和未关联检测边界框的目标 $t_{un\text{-}ass}=t_{un\text{-}ass\_2}$，将在下一帧图像进行数据关联。在算法5-2中给出本章提出的两阶段在线视觉多目标跟踪算法的伪代码。

算法 5-2　两阶段在线视觉多目标跟踪算法

输入：待跟踪的视频图像序列 $F=\{f_n\}_{n=1}^{N}$（即该视频中共有 N 帧图像），目标检测边界框 $D_m=\{d_{mn}\}_{m=1}^{M_n}$（即在第 n 帧图像中共有 M_n 个检测边界框），边界框重叠率计算函数 IOU(·)

输出：已关联检测边界框的目标 t_{ass}、已关联目标的检测边界框 d_{ass}，未关联检测边界框的目标 $t_{un\text{-}ass}$，未关联目标的检测边界框 $d_{un\text{-}ass}$

步骤：

1. **for** $n \leqslant N$ **do**
2. 　　获取第 n 帧图像中所有的目标检测边界框 d_{mn}
3. 　**if** $n=1$ **or** $d_{un\text{-}ass}$ **is not None then**
4. 　　初始化判别式相关滤波器、目标的运动模型
5. 　**else**
6. 　　// 第一阶段在线视觉多目标跟踪流程
7. 　　使用目标运动模型预测目标在当前帧的位置 p_n
8. 　　获取所有已关联检测边界框的目标 t_{ass}、未关联检测边界框的目标 $t_{un\text{-}ass}$ 和未关联目标的检测边界框 $d_{un\text{-}ass}$
9. 　　计算每个已关联检测边界框的目标和检测边界框 d_{mn} 的重叠率 $IoU=IOU(t_{ass},d_{mn})$
10. 　　计算代价矩阵 cost_1=1−IoU
11. 　　使用匈牙利算法对代价矩阵进行二分图匹配，获得最优的目标与检测边界框的关联，获得已关联检测边界框的目标 t_{ass_1}、已关联目标的检测边界框 d_{ass_1}，未关联检测边界框的目标 $t_{un\text{-}ass\_1}$ 以及未关联目标的检测边界框 $d_{un\text{-}ass\_1}$
12. 　　// 第二阶段在线视觉多目标跟踪流程
13. 　　获取所有未关联检测边界框的目标 $t_{un\text{-}ass\_1}$ 和未关联目标的检测边界框 $d_{un\text{-}ass\_1}$
14. 　　每个未关联检测边界框的目标对应的判别式相关滤波器以未关联目标的检测边界框 $d_{un\text{-}ass}$ 为中心进行相关滤波，获取最大相关响应并构建相应矩阵 res。
15. 　　计算代价矩阵 cost_2=1−res
16. 　　使用匈牙利算法对代价矩阵进行二分图匹配，获得最优的目标与检测框的关联，获得已关联检测边界框的目标 t_{ass_2}、已关联目标的检测边界框 d_{ass_2}、未关联检测边界框的目标 $t_{un\text{-}ass\_2}$ 以及未关联目标的检测边界框 $d_{un\text{-}ass\_2}$
17. 　　// 综合两阶段的在线视觉多目标跟踪流程，获得最终多目标跟踪结果
18. 　　综合上述两个阶段的多目标跟踪流程，得到所有关联检测边界框的目标 $t_{ass}=t_{ass\_1}+t_{ass\_2}$，所有关联目标的检测边界框 $d_{ass}=d_{ass\_1}+d_{ass\_2}$，所有未关联检测边界框的目标 $t_{un\text{-}ass}=t_{un\text{-}ass\_2}$ 和未关联目标的检测边界框 $d_{un\text{-}ass}=d_{un\text{-}ass\_1}$
19. 　**end if**
20. **end for**

5.3.4 两阶段在线视觉多目标跟踪算法实验结果及分析

为了验证算法的泛化性，本节在 MOT2017 数据集上进行行人跟踪实验，在 KITTI 数据集上进行车辆跟踪实验，并采用使用 3.3.2 节所描述的评测指标进行算法性能的评估。参考 Deepsort 算法，将第一阶段的在线视觉多目标跟踪过程的重叠率阈值 α 设置为0.3，同时将第二阶段的判别式相关滤波器的更新频率设置为 0。同时，由于本章提出的两阶段在线视觉多目标跟踪算法是基于检测的跟踪算法，因此检测算法的检测性能与多目标跟踪算法的性能是正相关关系。对于 MOT2017 数据集，先使用其官方提供的 DPM 检测算法、Faster R-CNN 检测算法、以及 SDP 检测算法对所有视频进行行人检测，再使用本章提出的两阶段在线视觉多目标跟踪算法根据检测值进行多目标跟踪，最后根据官方的评估工具进行算法性能的评估。由于 KITTI 数据集的官方未提供检测结果，因此使用 RRC 检测算法进行车辆检测，并使用检测结果进行多目标跟踪。本章使用的判别式相关滤波器为使用 HOG 特征和颜色直方图进行相关滤波的 Staple 判别式相关滤波器。

1. 算法效果评估及分析

本节主要在 MOT2017 数据集和 KITTI 数据集上对本章提出的两阶段在线视觉多目标跟踪算法进行性能分析。

在 MOT2017 数据集的测试集上对本章提出的算法和目前的一些先进算法进行比较。如表 5-5 所示，把本章提出的算法和 MHT-DAM 以及 MHT-bLSTM 等离线视觉多目标跟踪算法进行比较。MHT-DAM 和 MHT-bLSTM 算法同时使用目标的时序运动信息以及空间表观信息作为决策特征，再使用最大假设跟踪方法进行数据关联。这两种算法为每个候选的目标构建一个假设树，后续通过对假设树的更新和剪枝确定目标的最优轨迹，但其受限于搜索空间的增长以及剪枝算法的速度，运行速度往往较慢。从结果可以看出，本章提出的在线视觉多目标跟踪算法在性能和运算速度上比一些离线视觉多目标跟踪的算法都要好。

同时，也将本章提出的算法和一些先进的在线视觉多目标跟踪算法进行比较。FPSN 算法使用由 FPN 网络组成的孪生网络提取多层卷积特征，使用目标的线性运动模型获取目标的运动信息，结合上述时空信息对目标和检测边界框进行关联，获得了较好的性能。然而，其运算速度较慢，只有 3 fps。EAMTT 算法使用粒子滤波的框架进行在线多目标跟踪，获得了 12 fps 的运行速度。也将本章提出的算法和一系列基于混合高斯概率假设密度(GM-PHD)滤波器的在线视觉多目标跟踪算法上进行比较。GM-PHD 类算法同时使用目标的运动模型和表观模型进行多目标跟踪，获得了较好的跟踪性能和跟踪速度。其中，GMPHD-KCF 算法和本章提出的算法相似，该算法在一个阶段使用目标的时序运动信息和判别式相关滤波器进行数据关联，但其跟踪性能差于本章提出的算法且运算速度较慢。GMPHD-KCF 算法在目标密度小于 MOT2017 数据集的 DETRAC 数据集上的运行速度为 7.74 fps。根据上述分析和表 5-5 的结果可知，本章提出的算法有效地均衡了跟踪性能和运行速度。

表 5-5　本章提出的算法和其他算法在 MOT2017 数据集上的性能比较

算法	模式	MOTA	MOTP	IDF1	MT/%	ML/%	FP	FN	IDSW	FRAG	FPS
MHT-DAM	离线	50.7	77.5	47.2	20.8	36.9	22 875	252 889	2 314	2 865	—
MHT-bLSTM	离线	47.5	77.5	51.9	18.2	41.7	25 981	268 042	2 069	3 124	—
IOU17	离线	45.5	76.9	39.4	15.7	40.5	19 993	281 643	5 988	7 404	—
SAS-MOT17	离线	44.2	76.4	57.2	16.1	44.3	29 473	283 611	1 529	2 644	—
DP-NMS	离线	43.7	76.9		12.6	46.5	10 048	302 728	4 942	5 342	—
FPSN	在线	44.9	76.6	48.4	16.5	35.8	33 757	269 952	7 136	14 491	3.0
EAMTT	在线	42.6	76.0	41.8	12.7	42.7	33 711	288 474	4 488	5 720	12
GMPHD-KCF	在线	40.3	75.4	36.6	8.6	43.1	47 056	283 923	5 734	7 576	—
GM-PHD	在线	36.2	76.1	33.9	4.2	56.6	23 682	328 526	8 025	11 972	—
GMPHD-N1Tr	在线	42.1	77.7	33.9	11.9	42.7	18 214	297 646	10 698	10 864	—
SORT17	在线	43.1	77.8	39.8	12.5	42.3	28 398	287 582	48 52	7 127	1 105.1
GMPHD-SHA	在线	43.7	76.5	39.2	11.7	43.0	25 935	287 758	3 838	5 056	30
HISP-DAL	在线	45.4	77.3	39.9	14.8	39.2	21 820	277 473	8 727	7 147	3.3
SORT-DCF（本章提出的算法）	在线	43.9	77.9	40.4	11.9	42.7	21 537	288 356	3 310	6 130	105.8

同时，也在 KITTI 数据集上将本章提出的算法和一些先进的离线视觉多目标跟踪算法、在线视觉多目标跟踪算法进行了比较。可以从表 5-6 中看出，本章提出的算法在 KITTI 数据集上获得了先进的跟踪性能。其在 KITTI 数据集上的表现不仅优于 MCF、CEM、RMOT 等经典的离线视觉多目标跟踪算法的表现，还优于 MCMOT-CPD 等先进的在线视觉多目标跟踪算法的表现。

由于基于检测的多目标跟踪算法的跟踪性能和检测结果的准确性正相关。因此，为了公平地比较本章提出的算法和一些先进的视觉多目标跟踪算法，使用由 RRC 检测算法获取的检测结果对一些开源的视觉多目标跟踪算法进行分析和比较。从表 5-7 可以看出，本章提出的算法效果比 IOU、SORT、Deepsort 等目前先进的在线视觉多目标跟踪算法的效果好。同时，虽然本章提出的算法的 MOTA 劣于 MDP 算法和 IIITH 算法的。然而，MDP 算法需要在 KITTI 数据集上训练且其运行速度只有 1.8 fps，远远低于实时的要求。而 IIITH 算法是基于车辆的三维几何形状信息进行视觉多目标跟踪的，原理上只适合汽车类型的目标跟踪，算法的运行速度只有 3.3 fps。

表 5-6　本章提出的算法和其他算法在 KITTI 数据集上的性能比较

算法	模式	MOTA	MOTP	Recall	Precision	MT/%	ML/%	TP	FP	IDSW	FRAG
MCF	离线	45.92	78.25	47.06	99.70	14.92	37.23	16 473	49	21	581
CEM	离线	51.94	77.11	55.96	96.09	20.00	31.54	19 819	807	125	396

续 表

算法	模式	MOTA	MOTP	Recall	Precision	MT/%	ML/%	TP	FP	IDSW	FRAG
SSP	离线	57.85	77.64	59.88	98.76	29.38	24.31	21 226	266	7	704
RMOT	离线	65.83	75.42	80.58	88.09	40.15	9.69	30 689	4 148	209	727
MDP	离线	77.63	77.80	83.35	96.27	56.31	8.46	31 997	1 239	62	539
LP-SSVM	离线	78.15	79.46	83.23	96.78	57.23	13.38	31 854	1 061	31	207
NOMT	离线	78.90	82.12	81.84	98.97	52.31	11.69	30 247	316	228	536
MCMOT-CPD	在线	76.59	82.10	80.26	98.00	56.31	8.46	29 747	606	130	387
RRC-IIITH	在线	84.24	85.73	88.80	97.95	73.23	2.77	33 656	705	468	944
SORT-DCF（本章提出的算法）	在线	80.23	81.92	90.00	93.85	75.85	2.46	34 041	2 230	787	1 134

表 5-7　本章提出的算法和其他算法在 KITTI 数据集上的性能比较

算法	MOTA	MOTP	Recall	Precision	MT/%	ML/%	TP	FP	IDSW	FRAG	FPS
RRC-IOU	73.85	79.05	78.28	97.72	38.62	14.46	29 388	687	151	672	11 029
RRC-SORT	63.76	83.71	65.37	99.76	25.54	27.54	23 406	56	7	420	1 150.1
RRC-Deepsort	79.39	82.43	84.86	96.51	54.92	7.38	31 779	1149	270	637	405
RRC-MDP	81.13	84.43	84.71	98.12	57.69	13.08	31 119	596	275	544	1.8
RRC-IIITH	84.24	85.73	88.80	91.95	73.23	2.77	33 656	705	468	944	3.3
RRC-OURS（本章提出的算法）	80.23	81.92	90.00	93.85	75.85	2.46	34 041	2 230	787	1 134	267.8

根据上述的本章提出的算法和一些先进的离线视觉多目标跟踪、在线视觉多目标跟踪算法在 MOT2017 数据集以及 KITTI 数据集上的性能分析和比较可以看出，本章提出的算法可以在不需训练地对任意类型的目标进行跟踪，可以有效地均衡跟踪性能和运行速度。

2. 消融实验

本节主要对本章提出的算法进行相关的消融实验。如表 5-8 所示，对本章提出算法的各个模块进行消融实验，这些实验都是在 MOT2017 训练数据集上进行的。首先，如表 5-8 第一行所示，去除算法的第二阶段在线视觉多目标跟踪过程，发现算法的主要性能指标 MOTA 降低了 1.6%，同时 IDSW 从 1 566 次激增到 6 025 次，增加了大约 4 倍。而如表 5.8 第二行所示，去除算法的第一阶段在线视觉多目标跟踪过程，发现算法的主要性能指标 MOTA 降低了 58%。同时，IDSW 也从 1 566 次激增到 6 862 次。对于本章提出的算法，只使用第二阶段在线视觉多目标跟踪过程时 MOTA 下降得更多的主要原因是本章使用的判别式相关滤波器没有进行更新且第二阶段在线视觉多目标跟踪过程的二分图匹配没有设置阈值，容易将虚警误认为目标。同时，对第二阶段在线视觉多目标跟踪过程不含运动模型的情形以及含有尺度变化的判别式相关滤波器的情形进行分析。如表 5-8 第三行和第四行所示，发现不含运动模型的算法在 MOTA 以及 IDSW 上都劣于含有运动模型的算法。同时，含有尺度变化的判别式相关滤波器在性能上并没有提升，但在运算速度上却有将近 50 fps 的下降。

表 5-8　使用不同模块的算法在 MOT2017 训练集上的消融实验

算法	MOTA	MOTP	IDF1	MT/%	ML/%	FP	FN	IDSW	FRAG	FPS
仅第二阶段	44.5	84.7	42.3	19.8	40.5	4 547	176 420	6 025	3 840	343.0
仅第一阶段	28.6	82.2	38.7	17.3	41.6	58 497	175 051	6 862	5 736	12.4
不含运动模型	45.1	84.8	49.3	17.5	42.8	3 278	179 913	1 623	3 331	140.7
使用尺度变化的相关滤波器	45.2	84.8	50.4	17.6	42.8	3 264	179 921	1 578	3 304	79.3
本章提出的算法	45.2	84.8	50.4	17.6	42.8	3 237	179 899	1 566	3 310	130.3

同时，如表 5-9 所示，对第二阶段在线多目标跟踪过程使用的判别式相关滤波器的更新频率进行相关实验，发现判别式相关滤波器的更新与否在性能上影响不大，但是加快判别式相关滤波器的更新频率会使得算法的运算速度发生显著的下降。因此，在本章不对判别式相关滤波器进行更新。

表 5-9　使用不同更新频率的算法在 MOT2017 训练集上的消融实验

更新频率	MOTA	MOTP	IDF1	MT/%	ML/%	FP	FN	IDSW	FRAG	FPS
0	45.2	84.8	50.4	17.6	42.8	3 240	179 906	1 570	3 312	17.7
5	45.2	84.8	50.4	17.6	42.8	3 239	179 902	1 567	3 311	58.5
10	45.2	84.8	50.4	17.6	42.8	3 238	179 900	1 567	3 311	81.9
不更新	45.2	84.8	50.4	17.6	42.8	3 237	179 899	1 566	3 310	130.3

最后，由于本章提出的算法在第二阶段使用判别式相关滤波器对第一阶段未关联检测边界框的目标和未关联目标的检测边界框进行数据关联，因此，为了验证本章提出的算法对不同判别式相关滤波器的泛化性，在第二阶段的在线视觉多目标跟踪过程中使用不同的判别式相关滤波器进行实验。如表 5-10 所示，可以明显地看出，本章提出的算法可以有效地整合不同的判别式相关滤波器，这说明了本章提出算法的有效性以及对不同判别式相关滤波器的良好泛化性。

表 5-10　使用不同判别式相关滤波器在 MOT2017 训练集上的消融实验

算法	MOTA	MOTP	IDF1	MT/%	ML/%	FP	FN	IDSW	FRAG	FPS
KCF	45.3	84.7	50.2	17.7	42.2	3 617	178 906	1 814	3 545	40.5
CSRDCF	45.3	84.7	50.2	17.7	42.2	3 626	178 924	1 811	3 536	26.8
ECO-HC	45.3	84.7	50.2	17.7	42.2	3 625	178 917	1 815	3 544	3.1
ECO	45.2	84.8	48.6	17.7	42.6	3 533	178 917	1 875	3 484	0.7
Staple（本章采取的策略）	45.2	84.8	50.4	17.6	42.8	3 237	179 899	1 566	3 310	130.3

3. 定性分析

本节给出本章提出的算法在 MOT2017 数据集以及 KITTI 数据集上的可视化结果。如图 5-23 和图 5-24 所示，在 MOT2017 数据集上，本章提出的算法在典型的遮挡、背景杂波以及目标尺度变化等具有挑战的跟踪场景具有良好的跟踪性能。从图 5-23 中的第一列图像可以看出本章提出的算法在背景杂波以及广告牌遮挡目标等场景表现良好。而如图 5-23 中的第二列图像所示，密集的几个目标经过车辆遮挡后还是被本章提出的算法有效的跟踪，说明本章算法在背景杂波以及遮挡场景表现鲁棒。如图 5-24 中的第一列图像所示，本章提出的算法在人与人相互交错遮挡的场景也表现鲁棒。如图 5-24 中的第二列图像所示，本章提出的算法在目标尺度变化、遮挡等场景也表现鲁棒。

彩图 5-23

图 5-23　算法在一些具有挑战的跟踪场景的可视化结果

彩图 5-24

图 5-24 算法在一些具有挑战的跟踪场景的可视化结果

如图 5-25 和图 5-26 所示,给出了本章提出的算法在 KITTI 数据集的测试集上的可视化结果。从图中可以看出,本章提出的算法在 KITTI 数据集的测试集中典型的遮挡、目标尺度变化和背景聚类等场景具有良好的跟踪性能。如图 5-25 中的第一列图像所示,本章提出的算法的可视化结果显示了其对光照变化与目标尺度变化等问题表现鲁棒。而图 5-25 中的第二列图像显示了本章提出的算法在目标被交通标志牌遮挡时还能对目标进行有效的跟踪。图 5-25 中的第三列图像显示了本章提出的算法在目标旋转以及目标被电线杆遮挡时还能对目标进行鲁棒的跟踪。图 5-26 则在 3 个不同的道路场景突出了本章提出的算法可以对目标遮挡进行有效的处理。

图 5-25　算法在一些具有挑战的跟踪场景的可视化结果

图 5-26　算法在一些具有挑战的跟踪场景的可视化结果

彩图 5-25

彩图 5-26

本章小结

本章以目标的时序运动信息和空间表观特征为基础,针对视觉图像中的在线单目标跟踪和在线多目标跟踪问题进行研究,提出了运动引导的孪生网络视觉单目标跟踪算法和两阶段在线视觉多目标跟踪算法。运动引导的孪生网络视觉单目标跟踪算法使用目标的历史运动轨迹构建运动模型,再使用目标运动模型预测目标的轨迹,使用运动模型预测的目标轨迹和孪生网络预测的目标轨迹的重叠率来判断基于孪生网络的视觉目标跟踪算法是否可能发生跟踪漂移,结合判别模型预测目标的最终位置。两阶段在线视觉多目标跟踪算法结合第一阶段的跟踪算法和第二阶段的跟踪算法,可有效而快速地实现在线视觉多目标跟踪,在目标遮挡、尺度变化、背景杂波等场景具有良好的鲁棒性。本章通过大量实验证明了所提出算法的有效性。

第6章 基于视觉信息的目标检测与跟踪展望

近年来随着人工智能和深度学习技术的发展,基于视觉信息的目标检测与跟踪在算法、技术和应用等方面取得了巨大的进步,并在文化娱乐、医疗健康、安防监控和遥感分析等领域取得了广泛的应用。然而,在复杂的实际应用场景中,计算机系统和人类视觉系统相比仍有巨大差距,真正意义上通用且快速准确的基于视觉信息的目标检测与跟踪研究还远未完成,基于视觉信息的目标检测与跟踪仍然是非常具有挑战性的课题,存在很大的提升潜力和空间。现阶段,该领域相关研究热点包括资源高效的模型、自监督学习、小样本学习等。

6.1 资源高效的模型

随着深度卷积神经网络模型的精度不断提升,模型的复杂度越来越高,模型层数和参数量也不断提高。参数量大的模型会消耗更多的计算以及存储资源,导致其难以运行在计算能力和存储资源有限的边缘设备(如移动电话、机动车、智能眼镜、无人机等)上。同时,这些复杂模型的计算复杂度较大,导致模型推理阶段存在较大的时间延迟,难以应对时效性要求高的任务。为了降低模型对计算和存储资源的消耗,提升模型的计算效率,研究人员在资源高效的模型方面开展研究,现阶段的研究热点包括以下方面。

(1) 轻量化网络设计

轻量化网络设计主要是通过对网络中的计算单元进行重新设计,来降低模型存储空间及计算复杂度。轻量化网络设计的常用方法包括卷积分解、分组卷积、深度可分离卷积、BottleNeck 设计等。卷积分解是最简单也是最常用的用于构建轻量级网络的技巧,做法是将大卷积核分解为多个小卷积核,如将一个 7×7 的卷积核分解成 3 个 3×3 的卷积核,也可以将一组大卷积在其通道维度上分解为两小组卷积。分组卷积的目的是通过将特征通道分成多个不同的组来减少卷积层中的参数数量,然后对每个组独立进行卷积。深度可分离卷积通过将卷积分解为逐通道卷积和逐点卷积两个步骤来降低计算量。BottleNeck 设计的核心思想就是通过瓶颈结构运用少量的参数/计算量进行信息压缩。

(2) 模型剪枝与量化

模型剪枝与量化是常用的深度神经模型加速技术。其中模型剪枝是对模型进行修剪,将现有模型中的弱信息量的连接或者冗余的权重去除,以此来精简模型的参数。近年来,网络剪枝方法通常采用迭代训练的方式进行剪枝,即在每个训练阶段后仅去除一小部分不重要的权重,并重复此操作直到模型达到较小量级且精度满足要求。模型量化则是指将模型一些浮点计算转成低比特的定点计算技术,如将原始的浮点型参数(32 bit 精度)转成 16 bit 精度甚至更低,从而降低模型在计算及存储时的参数量。近年来,网络二值化成为模型量化的热点,它通过将模型的参数权重量化为二进制变量(如 0 或 1)来进行网络加速,以便将一些浮点运算转换为 AND/OR/NOT 等逻辑运算。参数二值化可以显著加快其计算速度并减少模型存储,从而使得模型更容易地部署在移动设备上。

(3) 知识蒸馏

知识蒸馏的核心思想是先训练大参数量的复杂模型学习知识,再将复杂模型学到的知识迁移到小参数量的网络模型中,以此来提高小参数量模型性能。大参数量的复杂模型中的知识转移到小参数量的简单模型的过程即知识“蒸馏”过程。一般地,训练好的大参数模型被称为教师模型,小参数量模型被称为学生模型。知识蒸馏的算法可以被分为基于教师-学生模型的算法和自蒸馏算法。

6.2 自监督学习

近年来,从大量经过仔细标记的数据中学习的监督学习范式在人工智能研究方面取得了巨大进展。在一些特定的任务上,通过针对性的采集数据和标注样本,监督学习方法取得了优异的性能。然而,监督学习模型的优异表现往往只能局限在它们接受训练的任务上,这些模型难以在没有大量标记数据的情况下完成多项任务并获得新技能。在实际应用中,收集和标注大规模样本集需要耗费大量的时间和成本,在某些任务上甚至不可实现,而无标注数据相对容易获取。自监督学习利用数据本身的结构关系作为监督信号进行学习,可以从大规模未经标注的数据中学习图像或视频的特征,为构建更通用的人工智能模型提供了可能。现阶段的研究热点包括以下两方面。

(1) 基于对比学习的判别式自监督学习

对比学习是自监督学习中的一类代表性方法,其核心思想是通过学习样本的相似性来学习特征编码方法。对比学习基于一个朴素的认识:如果输入样本相似性较大,则通过深度卷积神经网络得到的特征表示也应该比较相似;反之,如果输入样本的差异较大,则通过深度卷积神经网络得到的特征表示也应该有较大差异。在对比学习中,样本是按照成对的形式组织的,相似的样本对构成正样本对,差异大的样本对构成负样本对,样本和负样本之间的距离应该大于和正样本之间的距离。正负样本如何构建、样本距离如何度量和样本如何采样是当前对比学习需要解决的核心问题。

(2) 基于生成模型的自监督学习

和判别式模型不同,生成模型具备能够随机生成观测数据的能力。这类模型可以直接对数据建模,也可以用来建立变量间的条件概率分布。基于生成模型的自监督学习方法的主要思想是对输入进行重构,使输入输出尽可能相似,如将输入图片的部分区域裁减掉,用训练模型恢复出被裁出区域的内容。如何选择合适的辅助生成任务,是当前基于生成模型的自监督学习研究的热点问题。

6.3 小样本学习

心理学和认知学证据表明,人类只需要学习几幅图像,就可以实现对视觉对象的识别,而现有的深度学习模型却不具备从少量样本中学习知识的能力。深度学习的基本假设是利用大数据的统计特性,模型训练需要大规模的标注样本,当样本不足时,深度学习难以获得理想性能。直接在小样本数据上训练模型会造成模型过拟合,无法取得良好的泛化性能,成为相关应用中限制深度学习性能的主要瓶颈之一。小样本学习的目标是在只有少数训练样本数据条件下,获取能够理解新数据的鲁棒模型,达到近似大数据条件下的效果。现阶段的研究热点包括以下两方面。

(1) 先验知识表示与嵌入

先验知识是关于物理世界的经验。一旦先验知识被合理表示和嵌入,将大大减少训练模型需要的样本数量。视觉领域最直观的先验知识包括目标尺度、目标相对关系、运动属性等。目前常用的先验知识表示和嵌入思想包括基于预训练的范式、基于元学习的范式、基于模型模块化构建的范式、基于记忆表示的范式等。目前,如何有效地进行先验知识的表示和嵌入仍旧是一个开放性问题。

(2) 小样本模型泛化性能提升

基于少量样本得到的学习模型容易过拟合。一方面,小样本约束下可用于训练的样本规模和模型复杂度往往不能匹配，导致模型偏向训练数据，泛化性能较差；另一方面，针对个性化任务采集的数据往往伴随有样本集包含的目标种类比较少的情况，导致模型在已知的少量类别上过度训练。因此，如何提升小样本约束下模型的泛化性能是当前的重要研究问题之一。

参考文献

[1] Zou Z, Shi Z, Guo Y, et al. Object detection in 20 years: a survey[J]. arXiv preprint arXiv:1905.05055, 2019.

[2] Deshmukh V R, Patnaik G K, Patil M E, et al. Real-time traffic sign recognition system based on colour image segmentation[J]. International Journal of Computer Applications, 2013, 83(3):30-35.

[3] Ouyang W, Wang X. Joint Deep Learning for Pedestrian Detection[C]//In Proceedings of the 2013 IEEE International Conference on Computer Vision (ICCV). Sydney:IEEE, 2013:2056-2063.

[4] 闫姜桥. 目标检测候选区域选择与多尺度特征获取方法研究[D]. 北京:中国科学院大学, 2021.

[5] Sermanet P, LeCun Y. Traffic sign recognition with multi-scale convolutional networks[C]//In: Neural Networks (IJCNN), the 2011 International Joint Conference on.

[6] 冯卫东, 孙显, 王宏琦. 基于空间语义模型的高分辨率遥感图像目标检测方法[J]. 电子与信息学报, 2013, 35(10): 2518-2523.

[7] 林煜东, 和红杰, 尹忠科, 等. 基于稀疏表示的可见光遥感图像飞机检测算法[J]. 光子学报, 2014, 43(9): 196-201.

[8] Sun H, Sun X, Wang H, et al. Automatic target detection in high-resolution remote sensing images using spatial sparse coding bag-of-words model[J]. IEEE Geoscience and Remote Sensing Letters, 2012, 9(1): 109-113.

[9] Zhang W, Xian S, Wang H, et al. A generic discriminative part-based model for geospatial object detection in optical remote sensing images[J]. Isprs Journal of Photogrammetry & Remote Sensing, 2015, 99: 30-44.

[10] Modegi T. Small object recognition techniques based on structured template

matching for high-resolution satellite images [C]// In: SICE Annual Conference. 2008:2168-2173.

[11] 孙显，付琨，王宏琦. 高分辨率遥感图像理解[M]. 北京:高等教育出版社，2011.

[12] Zitnick C L, Dollar P. Edge boxes: locating object proposals from edges [C]//In Proceedings of the European Conference on Computer Vision. Cham:[s. n],2014:391-405.

[13] Uijlings J R, van de Sande K E, Gevers T, et al. Selective search for object recognition [J]. International Journal of Computer Vision (IJCV), 2013.

[14] Redmon J, Divvala S, Girshick R, et al. You only look once: unified, real-time object detection [C]//In Proceedings of the 2016 IEEE Conference on Computer Vision and Pattern Recognition (CVPR). Las Vegas, IEEE, 2016: 779-788.

[15] Redmon J, Farhadi A. YOLO9000: better, faster, stronger[C]//In Proceedings of the 2017 IEEE Conference on Computer Vision and Pattern Recognition (CVPR). Honolulu: IEEE, 2017: 7263-7271.

[16] Redmon J, Farhadi A. YOLOv3: an incremental improvement[J]. arXiv: 1804.02767, 2018.

[17] Bochkovskiy A, Wang C Y, Liao H Y M. YOLOv4: optimal speed and accuracy of object detection[J]. arXiv:2004.10934, 2020.

[18] Liu W, Anguelov D, Erhan D, et al. SSD: single shot multiBox detector [C]//In Proceedings of the European Conference on Computer Vision. Cham:[s. n.],2016: 21-37.

[19] Ren S, He K, Girshick R, et al. Faster R-CNN: towards real-time object detection with region proposal networks[J]. IEEE Trans. Pattern Anal. Mach. Intell. 2017, 39: 1137-1149.

[20] Everingham M, Gool L V, Williams C K I, et al. The pascal visual object classes (VOC) challenge[J]. International Journal of Computer Vision, 2010, 88(2):303-338.

[21] Lin T, Maire M, Belongie S. J, et al. Microsoft COCO: common objects in context[C]//In Proceedings of the European Conference on Computer Vision. Cham: [s. n.],2014: 740-755.

[22] Cai Z, Fan Q, Feris R, et al. A unified multiscale deep convolutional neural network for fast object detection [C]//In Proceedings of the

European Conference on Computer Vision. Cham: [s. n.], 2016: 354-370.

[23] Liu S, Huang D, Wang Y. Receptive field block net for accurate and fast object detection [C]//In Proceedings of the European Conference on Computer Vision. Munich:[s. n.], 2018: 404-419.

[24] Shen Z, Liu Z, Li J, et al. DSOD: learning deeply supervised object detectors from scratch[C]//In Proceedings of the 2017 IEEE International Conference on Computer Vision (ICCV). Venice: IEEE, 2017: 1937-1945.

[25] Hariharan B, Arbelaez P, Girshick R, et al. Object instance segmentation and fine grained localization using hypercolumns [J]. In IEEE Transactions on Pattern Analysis and Machine Intelligence, 2017,39(4): 627-639.

[26] Kong T, Yao A, Chen Y, et al. HyperNet: towards accurate region proposal generation and joint object detection[C]//In Proceedings of the 2016 IEEE Conference on Computer Vision and Pattern Recognition (CVPR). Las Vegas:IEEE, 2016:845-853.

[27] Bell S, Lawrence Z, Bala K, et al. Inside outside net: detecting objects in context with skip pooling and recurrent neural networks [C]//In Proceedings of the 2016 IEEE Conference on Computer Vision and Pattern Recognition (CVPR). Las Vegas:IEEE, 2016:2874-2883.

[28] Fu C Y, Liu W, Ranga A, et al. DSSD: deconvolutional single shot detector[J]. arXiv:1701.06659, 2017.

[29] Kong T, Sun F, Yao A, et al. RON: reverse connection with objectness prior networks for object detection[C]//In Proceedings of the 2017 IEEE Conference on Computer Vision and Pattern Recognition (CVPR). Honolulu:IEEE,2017:5244-5252.

[30] Lin T Y, Dollár P, Girshick R, et al. Feature pyramid networks for object detection[C]//In Proceedings of the 2017 IEEE Conference on Computer Vision and Pattern Recognition (CVPR). Honolulu: IEEE, 2017:2117-2125.

[31] Dalal N, Triggs B. Histograms of oriented gradients for human detection [C]//In Proceedings of the 2015 IEEE Conference on Computer Vision and Pattern Recognition (CVPR). San Diego:IEEE,2005:886-893.

[32] Lowe D G. Object recognition from local scale-invariant features[C]//In

Proceedings of the 1999 IEEE International Conference on Computer Vision (ICCV). Kerkyra:IEEE,1999:1150-1157.

[33] Sivic J, Zisserman A. Video google: A text retrieval approach to object matching in videos[C]//In Proceedings of the 2003 IEEE International Conference on Computer Vision (ICCV). Nice:IEEE,2003:1470-1477.

[34] Perronnin F, Sanchez J, Mensink T. Improving the fisher kernel for large scale image classification[C]//In Proceedings of the European Conference on Computer Vision, Crete. Greece:[s. n.], 2010:143-156.

[35] Krizhevsky A, Sutskever I, Hinton G. ImageNet classification with deep convolutional neural networks [J]. Advances in Neural Information Processing Systems, 2012, 25(2).

[36] Girshick R, Donahue J, Darrell T, et al. Rich feature hierarchies for accurate object detection and semantic segmentation[C]//In Proceedings of the 2015 IEEE Conference on Computer Vision and Pattern Recognition (CVPR). Columbus:IEEE,2014:580-587.

[37] Zhang S, Zhu X, Lei Z, et al. S3FD: single shot scale-invariant face detector[C]//In Proceedings of the 2017 IEEE International Conference on Computer Vision (ICCV). Venice:IEEE,2017:192-201.

[38] Li J, Wang Y, Wang C, et al. DSFD: dual shot face detector[C]//In Proceedings of the 2019 IEEE Conference on Computer Vision and Pattern Recognition (CVPR). Long Beach:IEEE,2019:5055-5064.

[39] Tychsen-Smith L, Petersson L. DeNet: scalable real-time object detection with directed sparse sampling[C]//In Proceedings of the 2017 IEEE International Conference on Computer Vision (ICCV). Venice: IEEE, 2017:428-436.

[40] Law H, Deng J. CornerNet: detecting objects as paired keypoints[C]//In Proceedings of the European Conference on Computer Vision. Munich: [s. n.],2018:734-750.

[41] Newell A, Huang Z, Deng J, et al. Associative embedding: end-to-end learning for joint detection and grouping [J]. Neural Information Processing Systems, 2017: 2277-2287.

[42] Duan K, Bai S, Xie L, et al. CenterNet: keypoint triplets for object detection[C]//In Proceedings of the 2019 IEEE International Conference on Computer Vision (ICCV). Seoul:IEEE,2019:6569-6578.

[43] Wang J, Chen K, Yang S, et al. Region proposal by guided anchoring

[C]//In Proceedings of the 2019 IEEE Conference on Computer Vision and Pattern Recognition (CVPR). Long Beach:IEEE,2019:2965-2974.

[44] Yang Z, Liu S, Hu H, et al. RepPoints: point set representation for object detection[C]//In Proceedings of the 2019 IEEE International Conference on Computer Vision (ICCV). Seoul:IEEE,2019:9657-9666.

[45] Dai J, Qi H, Xiong Y, et al. Deformable convolutional networks[C]//In Proceedings of the International Conference on Computer Vision (ICCV). Venice:IEEE,2017:764-773.

[46] Liu Y, Tang X, Wu X, et al. HAMBox: delving into online high-quality anchors mining for detecting outer faces[J]. arXiv:1912.09231, 2019.

[47] Liu L, Ouyang W, Wang X, et al. Deep learning for generic object detection: a survey[J]. In International Journal of Computer Vision, 2019,128(2): 261-318.

[48] Zhang S, Wen L, Bian X, et al. Single shot refinement neural network for object detection[C]//In Proceedings of the 2018 IEEE Conference on Computer Vision and Pattern Recognition (CVPR). Salt Lake City: IEEE,2018:4203-4212.

[49] Xia G S, Bai X, Ding J, et al. DOTA: a large-scale dataset for object detection in aerial images[C]//In Proceedings of the IEEE Conference on Computer Vision and Pattern Recognition (CVPR). 2018.

[50] Yu F, Koltun V. Multi-Scale context aggregation by dilated convolutions [C]//In Proceedings of the International Conference on Learning Representations (ICLR). 2016.

[51] Zhu X, Hu H, Lin S, et al. Deformable convnets v2: more deformable, better results[C]//In Proceedings of the 2019 IEEE Conference on Computer Vision and Pattern Recognition (CVPR). Long Beach:IEEE, 2019:9308-9316.

[52] Han J, Moraga C. The influence of the sigmoid function parameters on the speed of backpropagation learning[C]//International Workshop on Artificial Neural Networks: from Natural to Artificial Neural Computation. 1995: 195-201.

[53] Glorot X, Bordes A, Bengio Y. Deep sparse rectifier neural networks [C]//Proceedings of the fourteenth international conference on artificial intelligence and statistics. 2011: 315-323.

[54] Maas A L, Hannun A Y, Ng A Y. Rectifier nonlinearities improve neural

network acoustic models[C]. Proc. icml, 2013: 3.

[55] He K, Zhang X, Ren S, et al. Delving deep into rectifiers: surpassing human-level performance on imagenet classification[C]//In Proceedings of the 2015 IEEE International Conference on Computer Vision (ICCV). Santiago: IEEE, 2015: 1026-1034.

[56] Clevert D A, Unterthiner T, Hochreiter S. Fast and accurate deep network learning by exponential linear units (elus)[J]. arXiv: 1511.07289, 2015.

[57] Ramachandran P, Zoph B, Le Q V. Searching for activation functions[J]. arXiv:1710.05941, 2017.

[58] Misra D. Mish: a self regularized non-monotonic neural activation function [J]. arXiv:1908.08681, 2019.

[59] Rumelhart D E, Hinton G E, Williams R J. Learning representations by back-propagating errors[J]. Cognitive modeling, 1988, 5(3): 1.

[60] Cauchy A. Méthode générale pour la résolution des systemes d'équations simultanées[J]. Comp. Rend. Sci. Paris, 1847, 25(1847): 536-538.

[61] 刘建平. 卷积神经网络(CNN)反向传播算法[OE/OL]. https://www.cnblogs.com/pinard/p/ 6494810.html#! comments.

[62] Zhang H, Cisse M, Dauphin Y N, et al. Mixup: beyond empirical risk minimization[J]. arXiv:1710.09412, 2017.

[63] Yun S, Han D, Chun S, et al. CutMix: regularization strategy to train strong classifiers with localizable features[C]//In Proceedings of the 2019 IEEE International Conference on Computer Vision (ICCV). Seoul: IEEE, 2019: 6023-6032.

[64] Simonyan K, Zisserman A. Very deep convolutional networks for large-scale image recognition[J]. arXiv:1409.1556, 2014.

[65] He K, Zhang X, Ren S, et al. Deep residual learning for image recognition [C]//In Proceedings of the 2016 IEEE Conference on Computer Vision and Pattern Recognition (CVPR). Las Vegas: IEEE, 2016: 770-778.

[66] Huang G, Liu Z, Van Der Maaten L, et al. Densely connected convolutional networks[C]//In Proceedings of the 2017 IEEE Conference on Computer Vision and Pattern Recognition (CVPR). Honolulu: IEEE, 2017: 4700-4708.

[67] Lin M, Chen Q, Yan S. Network In Network[J]. Computer Science, 2013.

[68] Szegedy C, Liu W, Jia Y, et al. Going deeper with convolutions[C]//In Proceedings of the 2015 IEEE Conference on Computer Vision and Pattern Recognition (CVPR). Boston:IEEE,2015:1-9.

[69] Szegedy C, Ioffe S, Vanhoucke V, et al. Inception-v4, inception-resnet and the impact of residual connections on learning[C]//In The National Conference on Artificial Intelligence (AAAI). 2017.

[70] Xie S, Girshick R, Dollár P, et al. Aggregated Residual Transformations for Deep Neural Networks[C]//In Proceedings of the 2017 IEEE Conference on Computer Vision and Pattern Recognition (CVPR). Honolulu: IEEE, 2017: 5987-5995.

[71] Zhang H, Wu C, Zhang Z, et al. ResNeSt: split-attention networks[J]. arXiv:2004.08955, 2020.

[72] Gao S, Cheng M M, Zhao K, et al. Res2Net: a new multi-scale backbone architecture[J]. In IEEE Transactions on Pattern Analysis and Machine Intelligence, 2021,43(2):652-662.

[73] Tan M, Pang R, Le Q V. EfficientDet: scalable and efficient object detection[C]//In Proceedings of the 2020 IEEE Conference on Computer Vision and Pattern Recognition (CVPR). Seattle: IEEE, 2020: 10778-10787.

[74] Radosavovic I, Kosaraju R P, Girshick R, et al. Designing network design spaces[C]//In Proceedings of the 2020 IEEE Conference on Computer Vision and Pattern Recognition (CVPR). Seattle: IEEE, 2020: 10425-10433.

[75] Li Z M, Peng C, Yu G, et al. DetNet: a backbone network for object detection[J]. arXiv:1804.06215, 2018.

[76] Girshick R. Fast R-CNN[C]//In Proceedings of the 2015 IEEE International Conference on Computer Vision (ICCV). Santiago:IEEE,2015:1440-1448.

[77] Dai J F, Li Y, He K M, et al. R-FCN: object detection via region-based fully convolutional networks[C]//In Proceedings of the 30th International Conference on Neural Information Processing Systems, 2016:379-387.

[78] Cai Z, Vasconcelos N. Cascade R-CNN: delving into high quality object detection[C]//In Proceedings of the Computer Vision and Pattern Recognition. Salt Lake City:[s. n.],2018:6154-6162.

[79] Pang J, Chen K, Shi J, et al. Libra R-CNN: towards balanced learning for object detection[C]//In Proceedings of the 2019 IEEE Conference on

Computer Vision and Pattern Recognition (CVPR), Long Beach: IEEE, 2019: 821-830.

[80] Song G L, Liu Y, Wang X G. Revisiting the sibling head in object detector[C]//In Proceedings of the 2020 IEEE Conference on Computer Vision and Pattern Recognition (CVPR). Seattle: IEEE, 2020: 11563-11572.

[81] Zhang H, Chang H, Ma B, et al. Dynamic R-CNN: towards high quality object detection via dynamic training[J]. arXiv:2004.06002, 2020.

[82] Lin T Y, Goyal P, Girshick R, et al. Focal loss for dense object detection [J]. IEEE Transactions on Pattern Analysis & Machine Intelligence, 2017, PP(99): 2999-3007.

[83] Wang X J, Zhang S L, Yu Z R, et al. Scale-equalizing pyramid convolution for object detection [C]. In Proceedings of the IEEE Conference on Computer Vision and Pattern Recognition (CVPR). [S. l.]: IEEE, 2020: 13359-13368.

[84] Zhang H, Wang Y, Dayoub F, et al. VarifocalNet: an IoU-aware dense object detector[J]. arXiv:2008.13367, 2020.

[85] Zhou X, Zhuo J, Krahenbuhl P. Bottom-up object detection by grouping extreme and center points [C]//In Proceedings of the 2019 IEEE Conference on Computer Vision and Pattern Recognition (CVPR). Long Beach: IEEE, 2019: 850-859.

[86] Huang L C, Yang Y, Deng Y F, et al. Densebox: unifying landmark localization with end to end object detection [J]. arXiv: 1509.04874, 2015.

[87] Kong T, Sun F C, Liu H P, et al. FoveaBox: beyound anchor-based object detection[J]. IEEE Transactions on Image Processing, 2020(29): 7389-7398.

[88] Tian Z, Shen C, Chen H et al. FCOS: fully convolutional one-stage object detection[C]//In Proceedings of the 2019 IEEE International Conference on Computer Vision (ICCV). Seoul: IEEE, 2019: 9627-9636.

[89] Zhang S, Chi C, Yao Y, et al. Bridging the gap between anchor-based and anchor-free detection via adaptive training sample selection [C]//In Proceedings of the 2020 IEEE Conference on Computer Vision and Pattern Recognition (CVPR). Seattle: IEEE, 2020: 9756-9765.

[90] Meng X, Bradley J, Yavuz B, et al. MLlib: machine learning in apache

spark[J]. Journal of Machine Learning Research, 2015,17: 1235-1241.

[91] Robbins H, Monro S. A stochastic approximation method[J]. Annals of Mathematical Statistics, 1951, 22(3):400-407.

[92] Poljak B T. Some methods of speeding up the convergence of iterative methods [J]. USSR Computational Mathematics & Mathematical Physics, 1964, 4: 1-17.

[93] Nesterov Y. A method of solving a convex programming problem with convergence rate O(1/K2)[C]//Soviet Mathematics Doklady. 1983: 372-376.

[94] Duchi J C, Hazan E, Singer Y. Adaptive subgradient methods adaptive subgradient methods for online learning and stochastic optimization[J]. Journal of Machine Learning Research, 2011, 12:2121-2159.

[95] Tieleman T, Hinton G. Lecture 6.5——RMSProp, COURSERA: Neural Networks for Machine Learning[R]. Technical Report, 2012.

[96] Kingma D, Ba J. Adam: a method for stochastic optimization[J]. arxive-prints, 2014.

[97] Zeiler M D. ADADELTA: an adaptive learning rate method[J]. arXiv: 1212.5701, 2012.

[98] Breiman L. Bagging predictors[J]. Machine Learning, 1996, 24(2): 123-140.

[99] Wolpert D H, Macready W G. An efficient method to estimate bagging's generalization error[J]. Machine Learning, 1999, 35(1): 41-55.

[100] Srivastava N, Hinton G, Krizhevsky A, et al. Dropout: a simple way to prevent neural networks from overfitting[J]. The Journal of Machine Learning Research, 2014, 15(1): 1929-1958.

[101] Ghiasi G, Lin T, Le Q V. DropBlock: a regularization method for convolutional networks[C]//In Proceedings of the 32nd International Conference on Neural Information Processing Systems. 2018.

[102] Ioffe S, Szegedy C. Batch normalization: accelerating deep network training by reducing internal covariate shift[J]. Proceeding of the 32nd International Conference on International Conforence on Machine Learing, 2015(37): 448-456.

[103] Müller R, Kornblith S, Hinton G. When does label smoothing help? [C]//In Proceedings of the 33nd International Conference on Neural Information Processing Systems. 2019.

[104] Huber P J, et al. Robust estimation of a location parameter[J]. The Annals of Mathematical Statistics, 1964, 35(1): 73-101.

[105] Yu J, Jiang Y, Wang Z, et al. Unitbox: an advanced object detection network[C]//In Proceedings of the ACM International Conference on Multimedia. 2016: 516-520.

[106] Tychsen-Smith L, Petersson L. Improving object localization with fitness nms and bounded iou loss [C]//In Proceedings of the 2018 IEEE Conference on Computer Vision and Pattern Recognition (CVPR). Salt Lake City:IEEE, 2018:6877-6885.

[107] Rezatofighi H, Tsoi N, Gwak J, et al. Generalized intersection over union: a metric and a loss for bounding box regression [C]//In Proceedings of the 2019 IEEE Conference on Computer Vision and Pattern Recognition (CVPR). Long Beach:IEEE, 2019:658-666.

[108] Zheng Z, Wang P, Ren D, et al. Enhancing geometric factors in model learning and inference for object detection and instance segmentation [J]. 2020.

[109] Zagoruyko S, Lerer A, Lin T, et al. A multipath network for object detection[C]//In Proceedings of the British Machine Vision Conference, New York:[s. n.], 2016.

[110] Xu Z, Xu X, Wang L, et al. Deformable convnet with aspect ratio constrained NMS for object detection in remote sensing imagery[J]. Remote Sens, 2017, 9: 1312.

[111] Yang X, Liu Q, Yan J, et al. R3Det: refined single-stage detector with feature refinement for rotating object[J]. arXiv:1908.05612, 2019.

[112] Li X, Wang W, Hu X, et al. Selective kernel networks[C]//In Proceedings of the 2019 IEEE Conference on Computer Vision and Pattern Recognition (CVPR). Long Beach: IEEE, 2019: 510-519.

[113] Wang X, Girshick R, Gupta A, et al. Non-local neural networks[C]//In Proceedings of the 2018 IEEE Conference on Computer Vision and Pattern Recognition (CVPR). Salt Lake City:IEEE, 2018: 7794-7803.

[114] Zhao Q, Sheng T, Wang Y, et al. M2Det: a single-shot object detector based on multi-level feature pyramid network[C]//In Proceedings of the AAAI Conference on Artificial Intelligence. 2019:9259-9266.

[115] Zhu C C, He Y H, Savvides M. Feature selective anchor-free module for single-shot object detection [C]//In Proceedings of the 2019 IEEE

Conference on Computer Vision and Pattern Recognition (CVPR). Long Beach:IEEE, 2019:840-849.

[116] Liu S, Qi L, Qin H, et al. Path aggregation network for instance segmentation[C] //In Proceedings of the 2018 IEEE Conference on Computer Vision and Pattern Recognition (CVPR). Salt Lake City: IEEE, 2018: 8759-8768.

[117] Hu J, Shen L, Albanie S, et al. Squeeze and-excitation networks[C] // In Proceedings of the 2018 IEEE Conference on Computer Vision and Pattern Recognition (CVPR). Salt Lake City:IEEE, 2018:7132-7141.

[118] Cao Y, Xu J, Lin S, et al. GCNet: non-local networks meet squeeze-excitation networks and beyond[C] //In Proceedings of the 2019 IEEE International Conference on Computer Vision (ICCV). Seoul: IEEE, 1971-1980.

[119] Ketkar N. Introduction to pytorch, deep learning with python[J]. Springer, 2017: 195-208.

[120] Li Y, Chen Y, Wang N, et al. Scale-aware trident networks for object detection[C] //In Proceedings of the 2019 IEEE International Conference on Computer Vision (ICCV). Seoul:IEEE, 2019:6053-6062.

[121] He K M, Gkioxari G, Dollar P, et al. Mask R-CNN[C] //In Proceedings of the 2017 IEEE International Conference on Computer Vision (ICCV). Venice: IEEE, 2017: 2961-2969.

[122] Szegedy C, Vanhoucke V, Ioffe S, et al. Rethinking the inception architecture for computer vision[C] //In Proceedings of the 2016 IEEE Conference on Computer Vision and Pattern Recognition (CVPR). Las Vegas:IEEE,2016: 2818-2826.

[123] Nair V, Hinton G E. Rectified linear units improve restricted boltzmann machines[C] //International Conference on International Conference on Machine Learning. 2010: 807-814.

[124] Hinton GE, Salakhutdinov RR. Reducing the dimensionality of data with neural networks[J]. Science, 2006, 313, 504-507.

[125] Hinton G, Deng L, Yu D, et al. Deep neural networks for acoustic modeling in speech recognition: the shared views of four research groups [J]. IEEE Signal Processing Magazine, 2012, 29, 82-97.

[126] Deng L, Li J, Huang J T, et al. Recent advances in deep learning for speech research at microsoft[C] //IEEE International Conference on

Acoustics, Speech and Signal Processing. Vancouver:IEEE, 2013, 8604-8608.

[127] Graves A. Generating sequences with recurrent neural networks[J]. 2014.

[128] Chen T Q, Li M, Li Y T, et al. MXNet: a flexible and efficient machine learning library for heterogeneous distributed systems[C] //In Neural Information Processing Systems, Workshop on Machine Learning Systems. 2015.

[129] Paszke A, Gross S, Chintala S, et al. Pytorch: tensors and dynamic neural networks in python with strong gpu acceleration[J]. 2017.

[130] Wang P, Sun X, Diao W, et al. FMSSD: feature-merged single-shot detection for multiscale objects in large-scale remote sensing imagery[J]. IEEE Transactions on Geoence and Remote Sensing, 2020, 58(5): 3377-3390.

[131] Miech A, Laptev I, Sivic J. Learnable pooling with context gating for video classification[J]. arXiv:1706.06905, 2017.

[132] C Cao, X Liu, Y Yang, et al. Look and think twice: capturing top-down visual attention with feedback convolutional neural networks[C] //In Proceedings of the 2015 IEEE International Conference on Computer Vision (ICCV). Santiago:IEEE, 2015: 2956-2964.

[133] K Xu, J Ba, R. Kiros,et al. Show, attend and tell: neural image caption generation with visual attention[C] //In ICML, 2015.

[134] Chen L, Zhang H, Xiao J, et al. SCA-CNN: spatial and channel-wise attention in convolutional networks for image captioning [C] //In Proceedings of the 2017 IEEE Conference on Computer Vision and Pattern Recognition (CVPR). Honolulu:IEEE, 2017: 6298-6306.

[135] Park J, Woo S, Lee J Y, et al. BAM: bottleneck attention module[C] // British Machine Vision Conference (BMVC). 2018.

[136] Woo S, Park J, Lee J Y, et al. CBAM: convolutional block attention module[C] //In Proceedings of the European Conference on Computer Vision. Munich: IEEE, 2018: 3-19.

[137] Azimi S M, Vig E, Bahmanyar R, et al. Towards multi-class object detection in unconstrained remote sensing imagery[C] //In Proceedings of the 14th Asian Conference on Computer Vision. Perth: [s. n.], 2018: 150-165.

[138] Yan J Q, Wang H Q, Yan M L, et al. IoU-adaptive deformable R-CNN:

make full use of IoU for multi-class object detection in remote sensing imagery[J]. Remote Sensing, 2019, 11(3).

[139] Howard A G, Zhu M, Chen B, et al. MobileNets: efficient convolutional neural networks for mobile vision applications [J]. arXiv: 1704.04861, 2017.

[140] He K, Zhang X, Ren S, et al. Spatial pyramid pooling in deep convolutional networks for visual recognition[J]. IEEE Transactions on Pattern Analysis & Machine Intelligence, 2014, 37(9):1904-1916.

[141] Singh B, Davis L S. An analysis of scale invariance in object detection——SNIP[C] //In Proceedings of the 2018 IEEE Conference on Computer Vision and Pattern Recognition (CVPR). Salt Lake City:IEEE,2018:3578-3587.

[142] Singh B, Najibi M, Davis L S. SNIPER: efficient multi-scale training[C] //In Proceedings of the Thirty-second Conference on Neural Information Processing Systems (NeurIPS). Montréal:[s. n.],2018:9333-9343.

[143] Mate K, Zbigniew W, Jakub M, et al. Augmentation for small object detection[J]. arXiv:1902.07296, 2019.

[144] Kim K, Lee H S. Probabilistic anchor assignment with IoU prediction for object detection[C] //In Proceedings of the European Conference on Computer Vision, Virtual Conference. 2021.

[145] Singh B, Davis L S. An analysis of scale invariance in object Detection——SNIP[C] //In Proceedings of the Computer Vision and Pattern Recognition. Salt Lake City, 2018.

[146] Singh B, Najibi M, Davis L S. SNIPER: efficient multi-scale training [J]. 2018.

[147] Levi H, Ullman S. Efficient coarse-to-fine non-local module for the detection of small objects[J]. 2018.

[148] Yang M, Zhang L, Feng X C. Fisher discrimination dictionary learning for sparse representation [C] //In Proceedings of IEEE International Conference on Computer Vision. Barcelona, Spain: IEEE, 2011: 543-550.

[149] Gao S, Tsang I, Ma Y. Learning category-specific dictionary and shared dictionary for fine-grained image categorization [J]. IEEE Transactions on Image Processing, 2013, 23(2): 623-634.

[150] Cortes C, Vapnik V. Support Vector Networks [J]. Machines Learning, 1995, 20: 273-297.

[151] Scholkopf B, Smola A. Nonlinear component analysis as a kernel eigenvalue problem[J]. Neural Computation, 1998, (10): 1299-1319.

[152] Yong X, Zhang D W, Zhong J, et al. A fast kernel-based nonlinear ddscriminant analysis for multi-class problems[J]. Pattern Recognition, 2006, 39: 1026-1033.

[153] Joachims T. Transductive inference for text classification using support vector machines[C] //International Conference on Machine Learning, 1999: 200-209.

[154] Dai G, Yeung D Y, Qian Y T. Face recognition using a kernel fractional-step discriminant analysis algorithm[J]. Pattern Recognition, 2007, 40: 2021-2028.

[155] 江晗，张月婷，郭嘉逸，等. 遥感图像中油罐目标精确定位与参数提取[J]. 中国图象图形学报，2021,26(12): 2953-2963.

[156] Yang X, Yang J R, Yan J C, et al. SCRDet: towards more robust detection for small, cluttered and rotated objects[C] //In Proceedings of the 2019 IEEE International Conference on Computer Vision (ICCV). Seoul:IEEE,2019:8232-8241.

[157] Cheng G, Han J. A survey on object detection in optical remote sensing images[J]. Isprs Journal of Photogrammetry and Remote Sensing, 2016, 117: 11-28.

[158] 中国 AI+安防行业发展研究报告[EB/OL]. https://report. iresearch. cn/report_pdf. aspx? id=3864.

[159] 张福玲，张少敏，支力佳，等. 融合注意力机制和特征金字塔网络的 CT 图像肺结节检测[J]. 中国图象图形学报，2021,26(9): 2156-2170.

[160] 吴成龙. 基于背景抑制和运动模型的在线视觉目标跟踪方法研究[D]. 北京:中国科学院大学，2020.

[161] 常仲翰. 面向密集场景和多角度特性的遥感图像目标检测[D]. 北京:中国科学院大学，2021.

[162] 孔晓东. 智能视频监控技术研究[D]. 上海：上海交通大学,2008.

[163] 焦波. 面向智能视频监控的运动目标检测与跟踪方法研究[D]. 长沙：国防科技大学，2009.

[164] 贾春华. 智能监控中的行人检测与运动分析研究[D]. 大连:大连理工大学，2009.

[165] Zhao Q. A survey on virtual reality[J]. Science in China Series F: Information Sciences, 2009, 52(3): 348-400.

[166] Lu H C, Fang G L, Wang C, et al. A novel method for gaze tracking by local pattern model and support vector regressor[J]. Signal Processing, 2010, 90(4): 1290-1299.

[167] Ganapathi V, Plagemann C, Koller D, et al. Real time motion capture using a single time-of-flight camera[C] //2010 IEEE Computer Society Conference on Computer Vision and Pattern Recognition. 2010: 755-762.

[168] Bonin-Font F, Ortiz A, Oliver G. Visual navigation for mobile robots: a survey[J]. Journal of Intelligent and Robotic Systems, 2008, 53(3): 263-296.

[169] Hebb D O. The organization of behavior: a neuropsychological theory [M]. [S. l.]:J. Wiley; Chapman & Hall, 1949.

[170] Rosenblatt F. The perceptron: a probabilistic model for information storage and organization in the brain[J]. Psychological Review, 1958, 65(6): 386.

[171] Breiman L. Random forests[J]. Machine Learning, 2001, 45(1): 5-32.

[172] Hopfield J J. Neural networks and physical systems with emergent collective computational abilities [J]. Proceedings of the National Academy of Sciences, 1982, 79(8): 2554-2558.

[173] Rumelhart D E, Hinton G E, Williams R J. Learning representations by back-propagating errors[J]. Nature, 1986, 323(6088): 533-536.

[174] Hinton G E, Osindero S, Teh Y W. A fast learning algorithm for deep belief nets[J]. Neural computation, 2006, 18(7): 1527-1554.

[175] LeCun Y, Bottou L, Bengio Y, et al. Gradient-based learning applied to document recognition[J]. Proceedings of the IEEE, 1998, 86(11): 2278-2324.

[176] Russakovsky O, Deng J, Su H, et al. ImageNet large scale visual recognition[J]. Challenge, 2014.

[177] Krizhevsky A, Sutskever I, Hinton G E. Imagenet classification with deep convolutional neural networks[C] //Advances in neural information processing systems. 2012: 1097-1105.

[178] Nair V, Hinton G E. Rectified linear units improve restricted boltzmann machines [C] //Proceedings of the 27th international conference on machine learning (ICML-10). 2010: 807-814.

[179] Simonyan K, Zisserman A. Very deep convolutional networks for large-scale image recognition[J]. arXiv preprint arXiv:1409. 1556, 2014.

[180] Chao Y-W, Vijayanarasimhan S, Seybold B, et al. Rethinking the faster r-cnn architecture for temporal action localization[C] //Proceedings of

the IEEE Conference on Computer Vision and Pattern Recognition. 2018: 1130-1139.

[181] Shelhamer E, Long J, Darrell T. Fully convolutional networks for semantic segmentation[J], 2017(04): 640-651.

[182] Li Y, Qi H, Dai J, et al. Fully convolutional instance-aware semantic segmentation[C] //Proceedings of the IEEE Conference on Computer Vision and Pattern Recognition. 2017: 2359-2367.

[183] Yang M, Yu K, Zhang C, et al. Denseaspp for semantic segmentation in street scenes[C] //Proceedings of the IEEE Conference on Computer Vision and Pattern Recognition. 2018: 3684-3692.

[184] Comaniciu D, Meer P. Mean shift: a robust approach toward feature space analysis[J]. IEEE Transactions on Pattern Analysis and Machine Intelligence, 2002, 24(5): 603-619.

[185] Ristic B, Arulampalam S, Gordon N. Beyond the kalman filter: particle filters for tracking applications[M]. [S. l.]:Artech House, 2003.

[186] Horn B K P, Schunck B G. Determining optical flow[J]. Artificial intelligence, 1981, 17(1-3): 185-203.

[187] Shi J. Good features to track[C]//1994 Proceedings of IEEE conference on computer vision and pattern recognition. IEEE, 1994: 593-600.

[188] Avidan S. Ensemble tracking[J]. IEEE Transactions on Pattern Analysis and Machine Intelligence, 2007, 29(2): 261-271.

[189] Grabner H, Leistner C, Bischof H. Semi-supervised on-line boosting for robust tracking[C] //European Conference on Computer Vision. 2008: 234-247.

[190] Kalal Z, Mikolajczyk K, Matas J. Tracking-learning-detection[J]. IEEE Transactions on Pattern Analysis and Machine Intelligence, 2011, 34 (7): 1409-1422.

[191] Bolme D S, Beveridge J R, Draper B A, et al. Visual object tracking using adaptive correlation filters[C] //2010 IEEE computer society conference on computer vision and pattern recognition. 2010: 2544-2550.

[192] Henriques J F, Caseiro R, Martins P, et al. Exploiting the circulant structure of tracking-by-detection with kernels [C] //European Conference on Computer Vision, 2012: 702-715.

[193] Henriques J F, Caseiro R, Martins P, et al. High-speed tracking with kernelized correlation filters[J]. IEEE Transactions on Pattern Analysis

and Machine Intelligence, 2015, 37(3): 583-596.

[194] Danelljan M, Shahbaz K F, Felsberg M, et al. Adaptive color attributes for real-time visual tracking[C] //Proceedings of the IEEE Conference on Computer Vision and Pattern Recognition. 2014: 1090-1097.

[195] Danelljan M, Häger G, Khan F, et al. Accurate scale estimation for robust visual tracking [C] //British Machine Vision Conference. Nottingham:[s. n.],2014.

[196] Ma C, Yang X, Zhang C, et al. Long-term correlation tracking[C] // Proceedings of the IEEE Conference on Computer Vision and Pattern Recognition. 2015: 5388-5396.

[197] Danelljan M, Hager G, Shahbaz Khan F, et al. Learning spatially regularized correlation filters for visual tracking[C] //Proceedings of the IEEE International Conference on Computer Vision. 2015: 4310-4318.

[198] Danelljan M, Hager G, Shahbaz K F, et al. Adaptive decontamination of the training set: a unified formulation for discriminative visual tracking [C] //Proceedings of the IEEE Conference on Computer Vision and Pattern Recognition. 2016: 1430-1438.

[199] Danelljan M, Hager G, Shahbaz K F, et al. Convolutional features for correlation filter based visual tracking[C] //Proceedings of the IEEE International Conference on Computer Vision Workshops. 2015: 58-66.

[200] Kiani G H, Fagg A, Lucey S. Learning background-aware correlation filters for visual tracking[C] //Proceedings of the IEEE International Conference on Computer Vision. 2017: 1135-1143.

[201] Ma C, Huang J-B, Yang X, et al. Hierarchical convolutional features for visual tracking[C] //Proceedings of the IEEE International Conference on Computer Vision. 2015: 3074-3082.

[202] Ma C, Huang J-B, Yang X, et al. Robust visual tracking via hierarchical convolutional features[J]. IEEE Transactions on Pattern Analysis and Machine Intelligence, 2018, 41(11): 2709-2723.

[203] Qi Y, Zhang S, Qin L, et al. Hedged deep tracking[C] //Proceedings of the IEEE Conference on Computer Vision and Pattern Recognition. 2016: 4303-4311.

[204] Valmadre J, Bertinetto L, Henriques J, et al. End-to-end representation learning for correlation filter based tracking[C] //Proceedings of the IEEE Conference on Computer Vision and Pattern Recognition. 2017:

2805-2813.

[205] Wang Q, Gao J, Xing J, et al. Discriminant correlation filters network for visual tracking[J]. arXiv preprint arXiv:1704.04057,2017.

[206] Danelljan M, Robinson A, Khan F S, et al. Beyond correlation filters: learning continuous convolution operators for visual tracking[C] //European Conference on Computer Vision. 2016: 472-488.

[207] Danelljan M, Bhat G, Shahbaz K F, et al. Eco: efficient convolution operators for tracking[C] //Proceedings of the IEEE Conference on Computer Vision and Pattern Recognition. 2017: 6638-6646.

[208] Kristan M, Leonardis A, Matas J, et al. The visual object tracking vot2017 challenge results[C] //Proceedings of the IEEE International Conference on Computer Vision Workshops. 2017: 1949-1972.

[209] Wang N, Yeung D-Y. Learning a deep compact image representation for visual tracking[C]. Advances in Neural Information Processing Systems, 2013: 809-817.

[210] Wang N, Li S, Gupta A, et al. Transferring rich feature hierarchies for robust visual tracking[J]. Computer Science, 2015.

[211] Wang L, Ouyang W, Wang X, et al. Visual tracking with fully convolutional networks[C] //Proceedings of the IEEE International Conference on Computer Vision. 2015: 3119-3127.

[212] Nam H, Han B. Learning multi-domain convolutional neural networks for visual tracking[C] //Proceedings of the IEEE Conference on Computer Vision and Pattern Recognition. 2016: 4293-4302.

[213] Kahou S E, Michalski V, Memisevic R, et al. RATM: recurrent attentive tracking model[C] //2017 IEEE Conference on Computer Vision and Pattern Recognition Workshops (CVPRW). 2017: 1613-1622.

[214] Held D, Thrun S, Savarese S. Learning to track at 100 fps with deep regression networks[C] //European Conference on Computer Vision. 2016: 749-765.

[215] Tao R, Gavves E, Smeulders A W. Siamese instance search for tracking[C] //Proceedings of the IEEE Conference on Computer Vision and Pattern Recognition, 2016: 1420-1429.

[216] Bertinetto L, Valmadre J, Henriques J F, et al. Fully-convolutional siamese networks for object tracking[C] //European Conference on Computer Vision, 2016: 850-865.

[217] Li B, Yan J, Wu W, et al. High performance visual tracking with siamese region proposal network [C]. Proceedings of the IEEE Conference on Computer Vision and Pattern Recognition. 2018: 8971-8980.

[218] Zhu Z, Wang Q, Li B, et al. Distractor-aware siamese networks for visual object tracking[C] //Proceedings of the European Conference on Computer Vision (ECCV). 2018: 101-117.

[219] Li B, Wu W, Wang Q, et al. Siamrpn++: evolution of siamese visual tracking with very deep networks [C]// Proceedings of the IEEE Conference on Computer Vision and Pattern Recognition, 2019: 4282-4291.

[220] Maksai A, Fua P. Eliminating exposure bias and metric mismatch in multiple object tracking[C] //Proceedings of the IEEE Conference on Computer Vision and Pattern Recognition. 2019: 4639-4648.

[221] Zhang Z, Peng H. Deeper and wider siamese networks for real-time visual tracking[C] //Proceedings of the IEEE Conference on Computer Vision and Pattern Recognition. 2019: 4591-4600.

[222] Gladh S, Danelljan M, Khan F S, et al. Deep motion features for visual tracking[C] //2016 23rd International Conference on Pattern Recognition (ICPR). 2016: 1243-1248.

[223] Dalal N, Triggs B. Histograms of oriented gradients for human detection [C] //2005 IEEE Computer Society Conference on Computer Vision and Pattern Recognition (CVPR'05). 2005: 886-893.

[224] Mettes P, Snoek C G M. Spatio-temporal instance learning: action tubes from class supervision[J]. arXiv preprint arXiv:1807.02800, 2018.

[225] Li F, Tian C, Zuo W, et al. Learning spatial-temporal regularized correlation filters for visual tracking [C] //Proceedings of the IEEE Conference on Computer Vision and Pattern Recognition. 2018: 4904-4913.

[226] Zhu Z, Wu W, Zou W, et al. End-to-end flow correlation tracking with spatial-temporal attention[C] //Proceedings of the IEEE Conference on Computer Vision and Pattern Recognition. 2018: 548-557.

[227] Ilg E, Mayer N, Saikia T, et al. Flownet 2.0: evolution of optical flow estimation with deep networks[C]. Proceedings of the IEEE Conference on Computer Vision and Pattern Recognition. 2017: 2462-2470.

[228] Han J, Tao J, Wang C. FlowNet: a deep learning framework for clustering

and selection of streamlines and stream surfaces[J]. IEEE Transactions on Visualization and Computer Graphics, 2018, 26(4): 1732-1744.

[229] Gordon D, Farhadi A, Fox D. Re ^{3} : re al-time recurrent regression networks for visual tracking of generic objects[J]. IEEE Robotics and Automation Letters, 2018, 3(2): 788-795.

[230] Li B, Xie W, Zeng W, et al. Learning to update for object tracking with recurrent meta-learner[J]. IEEE Transactions on Image Processing, 2019, 28(7): 3624-3635.

[231] Yun S, Choi J, Yoo Y, et al. Action-decision networks for visual tracking with deep reinforcement learning[C] //Proceedings of the IEEE Conference on Computer Vision and Pattern Recognition. 2017: 2711-2720.

[232] Zhang D, Maei H, Wang X, et al. Deep reinforcement learning for visual object tracking in videos[J]. arXiv preprint arXiv:1701.08936, 2017.

[233] Reid D. An algorithm for tracking multiple targets[J]. IEEE transactions on Automatic Control, 1979, 24(6): 843-854.

[234] Kim C, Li F, Ciptadi A, et al. Multiple hypothesis tracking revisited[C] //Proceedings of the IEEE International Conference on Computer Vision. 2015: 4696-4704.

[235] Zhang L, Li Y, Nevatia R. Global data association for multi-object tracking using network flows[C] //2008 IEEE Conference on Computer Vision and Pattern Recognition. 2008: 1-8.

[236] Chari V, Lacoste-Julien S, Laptev I, et al. On pairwise costs for network flow multi-object tracking[C] //Proceedings of the IEEE Conference on Computer Vision and Pattern Recognition. 2015: 5537-5545.

[237] Schulter S, Vernaza P, Choi W, et al. Deep network flow for multi-object tracking[C] //Proceedings of the IEEE Conference on Computer Vision and Pattern Recognition. 2017: 6951-6960.

[238] Milan A, Roth S, Schindler K. Continuous energy minimization for multitarget tracking[J]. IEEE Transactions on Pattern Analysis and Machine Intelligence, 2013, 36(1): 58-72.

[239] Choi W. Near-online multi-target tracking with aggregated local flow descriptor[C] //Proceedings of the IEEE International Conference on Computer Vision. 2015: 3029-3037.

[240] Breitenstein M D, Reichlin F, Leibe B, et al. Robust tracking-by-detection using a detector confidence particle filter[C] //2009 IEEE 12th

International Conference on Computer Vision. 2009：1515-1522.

[241] Xiang Y, Alahi A, Savarese S. Learning to track: online multi-object tracking by decision making[C] //Proceedings of the IEEE International Conference on Computer Vision. 2015：4705-4713.

[242] Bochinski E, Eiselein V, Sikora T. High-speed tracking-by-detection without using image information[C] //2017 14th IEEE International Conference on Advanced Video and Signal Based Surveillance (AVSS). 2017：1-6.

[243] Bewley A, Ge Z, Ott L, et al. Simple online and realtime tracking[C] // 2016 IEEE International Conference on Image Processing (ICIP). 2016：3464-3468.

[244] Wojke N, Bewley A, Paulus D. Simple online and realtime tracking with a deep association metric[C] //2017 IEEE International Conference on Image Processing (ICIP). 2017：3645-3649.

[245] Sharma S, Ansari J A, Murthy J K, et al. Beyond pixels: leveraging geometry and shape cues for online multi-object tracking[C] //2018 IEEE International Conference on Robotics and Automation (ICRA). 2018：3508-3515.

[246] Geiger A, Lenz P, Urtasun R. Are we ready for autonomous driving? the kitti vision benchmark suite[C] //2012 IEEE Conference on Computer Vision and Pattern Recognition. 2012：3354-3361.

[247] Chu Q, Ouyang W, Li H, et al. Online multi-object tracking using CNN-based single object tracker with spatial-temporal attention mechanism[C] //Proceedings of the IEEE International Conference on Computer Vision. 2017：4836-4845.

[248] Kim C, Li F, Rehg J M. Multi-object tracking with neural gating using bilinear lstm[C] //Proceedings of the European Conference on Computer Vision (ECCV). 2018：200-215.

[249] Zhang K, Zhang L, Yang M H. Fast compressive tracking[J]. IEEE Transactions on Pattern Analysis and Machine Intelligence, 2014, 36(10)：2002-2015.

[250] Hare S, Golodetz S, Saffari A, et al. Struck: structured output tracking with kernels[J]. IEEE Transactions on Pattern Analysis and Machine Intelligence, 2015, 38(10)：2096-2109.

[251] Gundogdu E, Alatan A A. Good features to correlate for visual tracking

[J]. IEEE Transactions on Image Processing, 2018, 27(5): 2526-2540.

[252] Leal-Taixé L, Canton-Ferrer C, Schindler K. Learning by tracking: Siamese CNN for robust target association[C] //Proceedings of the IEEE Conference on Computer Vision and Pattern Recognition Workshops. 2016: 33-40.

[253] Guo Q, Feng W, Zhou C, et al. Learning dynamic siamese network for visual object tracking [C] //Proceedings of the IEEE International Conference on Computer Vision, 2017: 1763-1771.

[254] He A, Luo C, Tian X, et al. A twofold siamese network for real-time object tracking[C] //Proceedings of the IEEE Conference on Computer Vision and Pattern Recognition. 2018: 4834-4843.

[255] Munkres J. Algorithms for the assignment and transportation problems [J]. Journal of the Society for Industrial and Applied Mathematics, 1957, 5(1): 32-38.

[256] Lukezic A, Vojir T, Cehovin Zajc L, et al. Discriminative correlation filter with channel and spatial reliability[C] //Proceedings of the IEEE Conference on Computer Vision and Pattern Recognition. 2017: 6309-6318.

[257] Wu Y, Lim J, Yang M-H. Online object tracking: A benchmark[C] // Proceedings of the IEEE Conference on Computer Vision and Pattern Recognition. 2013: 2411-2418.

[258] Wu Y, Lim J, Yang M H. Online object tracking: a benchmark[C]// Proceedings of the IEEE Conference on Computer Vision and Pattern recognition. 2013: 2411-2418.

[259] Kristan M, Matas J, Leonardis A, et al. The visual object tracking vot2016 challenge results[C] //ECCV Workshop. 2016: 8.

[260] Kristan M, Matas J, Leonardis A, et al. The seventh visual object tracking vot2019 challenge results [C] //Proceedings of the IEEE International Conference on Computer Vision Workshops. 2019.

[261] Huang L, Zhao X, Huang K. Got-10k: a large high-diversity benchmark for generic object tracking in the wild[J]. IEEE Transactions on Pattern Analysis and Machine Intelligence, 2019, 43(5): 1562-1577.

[262] Kristan M, Leonardis A, Matas J, et al. The sixth visual object tracking vot2018 challenge results[C] //Proceedings of the European Conference on Computer Vision (ECCV). 2018.

[263] Kristan M, Matas J, Leonardis A, et al. The visual object tracking vot2015 challenge results[C] //Proceedings of the IEEE International Conference on Computer Vision Workshops. 2015: 1-23.

[264] Hadfield S J, Lebeda K, Bowden R. The visual object tracking VOT2014 challenge results [C]//European Conference on Computer Vision (ECCV) Visual Object Tracking Challenge Workshop. 2014.

[265] Bertinetto L, Valmadre J, Golodetz S, et al. Staple: Complementary learners for real-time tracking[C] //Proceedings of the IEEE conference on computer vision and pattern recognition. 2016: 1401-1409.

[266] Li Y, Zhu J. A scale adaptive kernel correlation filter tracker with feature integration [C] //European Conference on Computer Vision. 2014: 254-265.

[267] Zhang J, Ma S, Sclaroff S. MEEM: robust tracking via multiple experts using entropy minimization [C] //European Conference on Computer Vision. 2014: 188-203.

[268] Hong S, You T, Kwak S, et al. Online tracking by learning discriminative saliency map with convolutional neural network[C] //International Conference on Machine Learning. 2015: 597-606.

[269] Song Y, Ma C, Gong L, et al. Crest: Convolutional residual learning for visual tracking[C] //Proceedings of the IEEE International Conference on Computer Vision. 2017: 2555-2564.

[270] Bernardin K, Stiefelhagen R. Evaluating multiple object tracking performance: the clear mot metrics[J]. EURASIP Journal on Image and Video Processing, 2008: 1-10.

[271] Li Y, Huang C, Nevatia R. Learning to associate: hybridboosted multi-target tracker for crowded scene [C] //2009 IEEE Conference on Computer Vision and Pattern Recognition. 2009: 2953-2960.

[272] Ren J, Chen X, Liu J, et al. Accurate single stage detector using recurrent rolling convolution[C]// Proceedings of the IEEE Conference on Computer Vision and Pattern Recognition. 2017: 5420-5428.

[273] Lenz P, Geiger A, Urtasun R. Followme: efficient online min-cost flow tracking with bounded memory and computation[C] //Proceedings of the IEEE International Conference on Computer Vision. 2015: 4364-4372.

[274] Yoon J H, Yang M-H, Lim J, et al. Bayesian multi-object tracking using motion context from multiple objects[C] //2015 IEEE Winter Conference

on Applications of Computer Vision. 2015: 33-40.

[275] Wang S, Fowlkes C C. Learning optimal parameters for multi-target tracking with contextual interactions [J]. International Journal of Computer Vision, 2017, 122(3): 484-501.

[276] Lee B, Erdenee E, Jin S, et al. Multi-class multi-object tracking using changing point detection [C] //European Conference on Computer Vision. 2016: 68-83.

[277] Milan A, Leal-Taixé L, Reid I, et al. MOT16: a benchmark for multi-object tracking[J]. arXiv preprint arXiv:1603.00831, 2016.

[278] Ristani E, Solera F, Zou R, et al. Performance measures and a data set for multi-target, multi-camera tracking[C] //European Conference on Computer Vision. 2016: 17-35.

[279] Felzenszwalb P F, Girshick R B, McAllester D, et al. Object detection with discriminatively trained part-based models[J]. IEEE Transactions on Pattern Analysis and Machine Intelligence, 2009, 32(9): 1627-1645.

[280] Yang F, Choi W, Lin Y. Exploit all the layers: Fast and accurate cnn object detector with scale dependent pooling and cascaded rejection classifiers[C] //Proceedings of the IEEE conference on computer vision and pattern recognition. 2016: 2129-2137.

[281] Lin T-Y, Dollár P, Girshick R, et al. Feature pyramid networks for object detection[C] //Proceedings of the IEEE Conference on Computer Vision and Pattern Recognition. 2017: 2117-2125.

[282] Sanchez-Matilla R, Poiesi F, Cavallaro A. Online multi-target tracking with strong and weak detections[C] //European Conference on Computer Vision. 2016: 84-99.

[283] Baisa N L. Online multi-object visual tracking using a GM-PHD filter with deep appearance learning[C] //2019 22nd International Conference on Information Fusion (FUSION). 2019.

[284] Song Y-M, Jeon M. Online multiple object tracking with the hierarchically adopted gm-phd filter using motion and appearance [C] //2016 IEEE International conference on consumer electronics-Asia (ICCE-Asia). 2016: 1-4.

[285] Eiselein V, Arp D, Pätzold M, et al. Real-time multi-human tracking using a probability hypothesis density filter and multiple detectors[C] // 2012 IEEE Ninth International Conference on Advanced Video and

Signal-Based Surveillance. 2012：325-330.

[286] Kutschbach T，Bochinski E，Eiselein V，et al. Sequential sensor fusion combining probability hypothesis density and kernelized correlation filters for multi-object tracking in video data[C] //2017 14th IEEE International Conference on Advanced Video and Signal Based Surveillance（AVSS). 2017：1-5.

[287] Wen L，Du D，Cai Z，et al. UA-DETRAC：a new benchmark and protocol for multi-object detection and tracking[J]. Computer Vision and Image Understanding，2020，193：102907.

[288] Pirsiavash H，Ramanan D，Fowlkes C C. Globally-optimal greedy algorithms for tracking a variable number of objects[C] //CVPR 2011. 2011：1201-1208.

[289] Shi X J，Chen Z，Wang H，et al. Convolutional LSTM network：a machine learning approach for precipitation nowcasting[C] //Advances in Neural Information Processing Systems. 2015：802-810.

[290] Ji S，Xu W，Yang M，et al. 3D convolutional neural networks for human action recognition [J]. IEEE Transactions on Pattern Analysis and Machine Intelligence，2012，35(1)：221-231.

[291] Howard A，Sandler M，Chu G，et al. Searching for mobilenetv3[C] // Proceedings of the IEEE International Conference on Computer Vision. 2019：1314-1324.

[292] Sandler M，Howard A，Zhu M，et al. Mobilenetv2：Inverted residuals and linear bottlenecks [C]. Proceedings of the IEEE Conference on Computer Vision and Pattern Recognition，2018：4510-4520.

[293] Hu J，Shen L，Sun G. Squeeze-and-excitation networks[C] //Proceedings of the IEEE Conference on Computer Vision and Pattern Recognition. 2018：7132-7141.

[294] Zaidi S S A，Ansari M S，Aslam A，et al. A survey of modern deep learning based object detection models[J]. arXiv preprint arXiv：2104. 11892，2021.